我懂了！

Fundamentals of Project Management,
Fifth Edition

暢銷
紀念版

專案
管理

約瑟夫‧希格尼——著
（Joseph Heagney）

何 霖——譯

經營管理 139

我懂了！專案管理（暢銷紀念版）

作　　　者	約瑟夫·希格尼（Joseph Heagney）	
譯　　　者	何霖	
責 任 編 輯	林博華	
行 銷 業 務	劉順眾、顏宏紋、李君宜	

總　編　輯　林博華
發　行　人　涂玉雲
出　　　版　經濟新潮社
　　　　　　104台北市民生東路二段141號5樓
　　　　　　電話：(02) 2500-7696　傳真：(02) 2500-1955
　　　　　　經濟新潮社部落格：http://ecocite.pixnet.net
發　　　行　英屬蓋曼群島商家庭傳媒股份有限公司城邦分公司
　　　　　　台北市中山區民生東路二段141號11樓
　　　　　　客服服務專線：02-25007718；25007719
　　　　　　24小時傳真專線：02-25001990；25001991
　　　　　　服務時間：週一至週五上午09:30-12:00；下午13:30-17:00
　　　　　　劃撥帳號：19863813；戶名：書虫股份有限公司
　　　　　　讀者服務信箱：service@readingclub.com.tw
香港發行所　城邦（香港）出版集團有限公司
　　　　　　香港灣仔駱克道193號東超商業中心1樓
　　　　　　電話：852-25086231　傳真：852-25789337
　　　　　　E-mail: hkcite@biznetvigator.com
馬新發行所　城邦（馬新）出版集團Cite(M) Sdn Bhd
　　　　　　41, Jalan Radin Anum, Bandar Baru Sri Petaling,
　　　　　　57000 Kuala Lumpur, Malaysia
　　　　　　電話：603-90578822　傳真：603-90576622
　　　　　　E-mail: cite@cite.com.my
印　　　刷　漾格科技股份有限公司
初 版 一 刷　2017年8月10日
二 版 一 刷　2022年3月31日

城邦讀書花園
www.cite.com.tw

ISBN：978-626-95747-3-5、978-626-95747-5-9(EPUB)　　版權所有·翻印必究

定價：400元　　　　　　　　　　　　　　　　　　Printed in Taiwan

目　次

圖表目次

第五版序

Preface to the Fifth Edition

自本書英文第四版出版（2012年）至今，已經過了四年，專案管理世界的一些重要指標已經產生了改變。近期專案管理學會（Project Management Institute, PMI®）的「專業脈動」（Pulse of the Profession）深度報告指出，2012年至2015年，專案成功（達成專案目標）的百分比一直停滯在64%。然而，當今的高執行力組織，正開始把焦點放在有利於專案成功的文化、人才與流程等基本事項上。這些組織推動專案管理，以及達成原始專案目標與商業意圖的達成率，比低執行力組織要高出2.5倍。這份報告帶給我們清楚的訊息：回歸基本事項，並且為未來的專案成功打下基礎。這次《我懂了！專案管理》的增訂版是一個優秀的工具，能讓專案經理在管理專案時替自己打好基礎。如果合適的話，本書還能持續引導你，讓你成為一位資深的專案管理專業人員。

這一版新增了兩章。2013年，《專案管理知識體系指南》（*Project Management Body of Knowledge, PMBOK® Guide*）的第五版納入了利害關係人管理，成為一個新的知識領域，因此我們也新加了第四章「將利害關係人管理納入專案規畫流程」。想想當你的專案歷經專案生命週期到達成熟期時，有多少人、多少小組協助你？你有找出你的利害關係人嗎？你有從專案起始直到專案結束都好好管理他們嗎？很多專案經理並沒有這麼做，而這反映在他們的最終結果上。這一章會提供最佳實務、工具與技巧，以協助你與利害關係人互動並管理

好利害關係人。

本版還新增了第15章「結束專案」。結束專案是管理專案的最後一個流程。我認識一些最成功的專案經理並觀察他們多年，除了管理專案結束之外，其他事情都做得非常好。因為這個流程在訓練時，還有實務上都經常被忽略，我將這個專案階段稱作「不為人知的流程」（the stealth process）。本章強調當結束專案時，所有專案經理都需要嚴守紀律。還有，在進行「結束專案」的任務時，你必須像擬定時程表與預算時同樣小心翼翼，這點相當重要。本章也提供當結束專案時，讓你可以詳盡又有效率的工具。

本版也做了許多其他更動。首先，本書已進行了修訂，以完整反映《專案管理知識體系指南》第五版所做的修訂。

本版另外補強的部分包括擴充了第6章，其先前的章名是「擬定專案風險計畫書」，現在額外增加一個重點：擬定你自己的溝通計畫書，並且有一個很棒的範本，可以視個別專案的需要做調整。對於管理中大型專案的專案經理來說，溝通計畫書應該是必要的。

此外，這個新版本在第7章「運用工作分解結構來規畫專案」加入了更多內容，對於在專案環境中做估計有更多的介紹。若沒有做估計，基本上你就如同在曠野中漫遊那樣茫然。本章列出許多工具，可以幫助你在曠野中不致迷失方向，並讓你在規畫專案時得以擬定可靠的估計。本章也新增

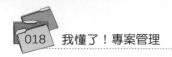

了「專案採購管理」的基本要點。

　　我個人認為，專案管理反映出商業上的終極矛盾。專案基本工具從未真正改變過，但是應用那些工具使專案成功的細微差別事項，似乎一直處於變動中，針對新的現況不斷做調整。舉幾個例子來說，只要有科技進步、職場人員組成變動、全球擴展程度不同、甚至是經濟情況變化，面對這些情境專案管理都必須做調整。成功的專案管理可能是一項真正的挑戰，但永遠不會枯燥乏味，這也正是我選擇專案管理當作我的生涯發展選擇的原因。《我懂了！專案管理》這個新版包括了經得起時間考驗的工具，以及讓你與今日專案管理的專業要求保持同步的資訊。當你閱讀本書時，請提醒自己應該要鑑往知來。

約瑟夫・希格尼（Joseph J. Heagney）

2015 年 11 月

第一章　專案管理總覽

An Overview of Project Management

告訴讀者們一件事，不過您聽了也不用太驚訝。自從本書第1版於1997年出版以來，專案管理學會（Project Management Institute; PMI®）已經從最初的數千位會員，成長到2015年將近46萬2千人。PMI是由管理專案的人所組成的專業組織；您可以從該學會的網站www.pmi.org取得更多資訊。除提供種種會員服務之外，PMI成立的主要目的是要將專案管理當成一種專業而加以提升。為達此目的，該學會已建立一項認證過程，使通過認證資格的人獲得專案管理師（Project Management Professional; PMP®）的稱號。為獲得這項稱號，這些人必須有工作經驗（大約5,000小時），並通過以*專案管理知識體系指南*（Project Management Body of Knowledge）或*PMBOK® Guide*為基礎的線上考試。

　　也許有人會問，專案管理這件事，真的已經專門到有必要成立專業機構嗎？專案管理應該只是一般管理（general management）的變形而已吧？

　　沒錯，兩者間的確有很多相似性，但若仔細深究下去，其實可以發現兩者間的差異性，已大到足以將之分門別類的程度。舉個例說，相較於一般管理者所處理的大部分活動，專案與「時程」更加息息相關；此外，專案團隊成員通常不直接由專案經理管轄，而是向大多數一般管理者負責。

　　那麼專案管理到底是什麼？或者，我們退一步，先說說專案到底是什麼。

專案的定義

PMI定義專案就是「為了產出獨特的產品、服務或結果而進行的暫時性工作」。（*PMBOK® Guide*; Project Management Institute, 2013; p. 5）這意指專案只完成一次，只要是重複性的工作，那就不是專案。專案應該要有明確的起點和終點（亦即有時間限制），有預算（亦即有成本控制），明確規範工作範疇（或量）的大小，還要符合特定的成效要求。我說「應該要」的原因是，僅有少數專案能達成上述的定義。所以本書從頭到尾都將對專案的這些限制，稱之為PCTS目標，而PCTS指的是成效（performance）、成本（cost）、時間（time）與範疇（scope）。

著名的品管大師朱蘭（J. M. Juran）曾經為專案下定義：專案是必須排定時程去設法解決的問題（problem）。我喜歡這個定義，因為它點出每一個專案都是為了要替公司解決某一類問題而衍生出來的。不過，我必須小心使用「問題」這個字，因為傳統上大家都賦予這個字負面的意義。然而專案所要處理的對象，卻包括了正面和負面的問題。舉例來說，想要開發某項新產品是

KEY POINT
PMI定義專案是指「為了產出獨特的產品、服務或結果而進行的暫時性工作」。

KEY POINT
專案是必須排定時程去設法解決的問題。
—— J. M. Juran

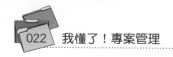

一個問題，不過卻是「正面的」問題；然而環境大掃除專案則是處理「負面的」問題。

專案失敗

　　有關專案管理成功率，目前的研究結果好壞參半。最近，科技產業研究機構史丹迪希公司（Standish Group）專注於軟體開發專案的Chaos報告指出，專案的成功率為29%，另有52%的專案碰到很大問題，而有19%專案以失敗收場。此處應該指出的是，成功因素已經重新調整過，其意思是指專案準時在預算範圍內完成，並產生令人滿意的結果。與2011年的報告相比，成功率實際上維持不變。史丹迪希也強調，相較於較大型專案，較小型專案的成功率高很多。資訊科技研究與顧問公司顧能（Gartner）最近的報告也呼應這些發現，指出預算超過1百萬美元的較大型專案失敗率較高，高達28%左右。

　　專案管理學會（PMI）最近的報告最具說服力。PMI長期持續蒐集並衡量專案、專案群與專案組合管理的情況。他們2015年出刊的「專案脈動」（Pulse of the Profession）顯示一些正面趨勢，同時也指出，自2012年以來，專案達標的百分比一直維持在64%不變。為了有效提高達標率，PMI建議企業組織應該回歸基本面。PMI提到的三個基本領域為：

1. **文化**。要努力建立專案管理的心態。

2. **人才**。專注於人才管理、持續訓練,與正規知識的傳遞。

3. **流程**。透過建立與採用標準化的專案實務與流程,來支援專案管理。

根據我28年的專案管理經驗、最佳實務確認、專案諮詢與訓練,我自己的調查顯示,很多事情改變了,也有很多事情不變。無論規模大小、無論是軟體、研發、或是行政管理類專案,成功的專案都仰賴良好的規畫。太多專案經理都採取「準備—開火—瞄準」(ready-fire-aim)的方法,也就是先衝了再說,試圖迅速完成專案。很多組織不容許專案經理有夠多的時間做規畫,甚至完全不給任何時間。這樣做經常導致花更多時間與努力重新修正錯誤,安撫不高興的利害關係人,衝進死巷而只能無奈撤退。簡而言之,缺乏適當的規畫會導致專案失敗。

PMI的調查提到:「該是企業組織重新檢視專案管理的基本要項,並且實質上回歸基本面的時候了!」(p.4)。我完全同意這個觀點。身為讀者,你必須替自己打好基礎,並了解本書所提到的基本事項,以便在你專案進行中及管理時,保證能做出改善並成功完成專案。

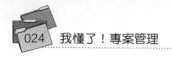

什麼是專案管理？

「PMBOK®指南」將專案管理（project management）定義成「應用知識、技能、工具與技巧於專案活動，以滿足專案要求」。專案管理透過按照邏輯分組的47個專案管理流程的應用與整合而實現，這些流程組成5個流程群組，分別是起始（initiating）、規畫（planning）、執行（executing）、監視及控制（monitoring and controlling）、以及結束（closing）（*PMBOK® Guide*, Project Management Institute, 2013, p. 6）。

新版「PMBOK®指南」已加入5個新的專案管理流程：

1. 規畫範疇管理
2. 規畫時程管理
3. 規畫成本管理
4. 規畫利害關係人管理
5. 控制利害關係人參與

這樣的改變強調，專案團隊有必要在管理專案之前先規畫專案。加入「規畫利害關係人管理」與「控制利害關係人

參與」流程，是為了要與新的（第10個）知識領域「專案利害關係人管理」維持一致（請參閱第52頁）。這個新知識領域強調適當地讓專案利害關係人參與關鍵決策與活動的重要性。

專案的要求（requirements）包括先前提過的PCTS（成效、成本、時間、範疇）目標。起始、規畫等等的各個流程會在本章稍後提到，而且本書大部分篇幅即在解釋如何完成這些流程。

如果「PMBOK®指南」明確指出，專案經理應該使規畫變得更加容易（facilitate），那會是更適當的做法。菜鳥級專案經理特別容易犯的錯誤，是自己一個人卯起來替整個團隊規畫專案。接下來看到的慘劇是，專案團隊成員沒有一個人甩他做的計畫；另一件慘劇是，菜鳥專案經理自己設計出來的計畫，裏面真是千瘡百孔、漏洞百出。經理人不可能每件事都設想得到，他們對任務期程的估計有錯誤，使整件事情在專案開始後破綻百出，最後無法收尾。所以，專案管理的首要原則是：一定要讓未來會牽涉到專案實際作業的人，一起來協助規畫專案。

專案經理所扮演的角色，應該是一個促成者（enabler）。促成者的工作，就是要協助專案團隊成員，把他們所負責的工作順利完成。促成者是團隊成員們的介面，當後者有人缺少資源時，要幫他們找到；當有外力介入，可能中斷他們的工作時，促成者也要能

KEY POINT
一定要讓未來會牽涉到專案實際作業的人，一起協助規畫專案的工作。

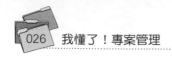

居間緩衝，減少外力衝擊。專案進行時，他絕對不能是獨攬大權者，而是應該成為領導人。

我看過對於領導（leadership）最好的定義，是范斯・普卡德（Vance Packard）在《爬金字塔的人》（*The Pyramid Climbers*）一書中所說的：「領導是一門藝術，它使其他人想去做你認為非做不可的事。」這裏用了一個很鮮活的字眼——想。獨裁者能強迫別人做他們想要「做」的事情，看守監獄的警衛也一樣能強迫犯人分成小組幹活；但是好的領導人卻能讓人「想」去做這些事情，這是兩者之間重大的差異。

專案中有關規畫、排時程（scheduling）與工作控制等要項，是屬於管理或是行政的部分。但是其中如果少了領導的話，專案頂多也只能達到最低水準要求而已。有了好的領導，專案績效絕對不僅止於此。我將在第14章談論專案領導技巧的綜合應用。

不只是排時程

對專案管理最大的誤解之一，就是認為專案管理只不過是排時程罷了。如果是這樣，微軟（Microsoft）不是出了一套軟體叫Microsoft Project®，還賣出非常多套嗎？為什麼專案

失敗的比例還是一樣那麼高呢？當然，時程安排是管理專案所使用的一項主要工具，但是就重要性來說，讓專案參與人員充分了解專案目標、以良好的工作分解結構（Work Breakdown Structure; WBS，本書第7章會討論）來釐清待完成事項等工作，其實都比時程安排還重要。老實說，如果沒有好的專案管理，一份詳細的時程所代表的意義，只是一份精確記載專案失敗的回憶錄罷了！

　　說到這裏，我對於安排時程的電腦軟體有一點個人意見。挑選哪一套套裝軟體並不太要緊，因為每套軟體都有優點也有缺點。很多公司傾向於提供給員工軟體，就期待他們不必受任何訓練，經由自學就能知道如何使用這些軟體。但基本上這是行不通的，因為時程安排軟體的最細微部分，不太可能無師自通。先撇開每個人還有例行的工作要做，不太有多餘的時間自學，事實上並不是每個人都適合自己摸索學習。就像你不會讓一個毫無經驗的新人，完全不必經過訓練，就在工廠裏自己摸索操作一台很複雜的機器，因為你知道這麼做的結果，不外乎是機器報銷，或是新人自己受傷。那麼為什麼對軟體就另眼看待呢？

當你突然成為專案經理

　　你是否曾經突然被要求擔任管理專案的角色，卻沒有

「專案經理」的頭銜，或是沒有得到太多支援？你是否認為你就是專案經理，而且整個專案團隊就你一個人而已？事實上你並不孤單。有越來越多人手上管理的工作，完全符合「PMBOK®指南」（PMI, 2013 年 3 月）對於專案所下的定義：「專案是為了產出獨特的產品、服務或結果，所從事的一種暫時性工作。」這些工作有完成期限，有工作範疇定義，資源有限，而且經常有固定預算。僅管較不正式，也不需要專案團隊，這些專案仍然必須有人規畫、排定時程並加以控制。專案結束後必須交付很棒或可接受的專案成果，顧客若不是欣然接受，至少也要感到滿意。

　　「給非專案經理的專案管理要點」（Essentials of project Management for the Nonproject Manager）是我在美國管理協會（American Management Association International）所主導的一個研討會。這個研討會非常受到歡迎，也獲得非傳統專案經理人、主題專家、贊助人與專案貢獻者的共鳴。典型的與會者包括銷售經理、行政管理專業人員、行銷經理、採購專員、以及很多其他商業類型人員。似乎每位與會者都或多或少涉及到專案。從傳統角度來看，這些與會者並非專案經理，但是他們都必須管理專案。對他們來說，專案管理工具對他們的工作可能會有幫助。我喜歡告訴研討會的與會者，專案工具各行各業都通用，但是很明顯地，如何應用工具才是真正的價值所在。

　　首先，你要評估一下你的任務。你受限於範疇、成本及有限資源嗎？你的工作有完成期限嗎？其次，你要把它當成一個專案來全心投入去管理這項工作。要決定哪些專案工具是合適的工具。例如，完成期限為2週的專案，所需要的專案管理應用工具，將會遠少於需要50週才能完成的專案。專案經理需要針對專案的時間長度、廣度、深度及影響幅度，來精簡或擴充你的管理方法。

大陷阱：邊做邊管的專案經理

　　有個蠻普遍的現象是，有人既要擔任專案經理，同時又必須在專案中分攤一部分執行面的工作，這必定會造成問題。若專案團隊真的由幾個人所組成，專案經理會發現自己陷入一種兩難局面：既要管理專案運作，又要趕工把自己負責的那部分工作完成。很自然地，完成工作就變成專案經理的先決要務，不然的話，這部分的工作一定會落後於排定的時程。一旦他選擇投入自己被分配到的工作，也就表示管理專案的部分遭到擱置了。即使這時專案經理心中希望的是專案本身能自然地順利進行，然而不幸的是，這種事絕不可能發生。畢竟，如果這個專案團隊能夠自動自發地管理好專案，那麼一開始還要專案經理做什麼？（還記得前面我們曾經討論過，專案管理到底有無必要嗎？）

　　不幸地，到了績效評估的時候，結果是上層主管直截了當的告訴這名專案經理，專案在管理部分有待改進。其實，早在專案一開始時，他就只需要執行管理的部分就好。

　　沒錯，對於非常小型的團隊——可能最多三、四個人的團隊——專案經理是可以分擔一些工作的。但是隨著團隊規模擴大，要專案經理同時分攤某項工作，又要做好整個專案的管理，幾乎是不可能的事，因為他注定要在工作和成員之間無止盡地來回奔波。

　　造成這種情形的原因之一，是由於組織沒有充分了解到專案管理的本質；他們認為專案經理本來就可以邊做邊管，結果造成公司上上下下幾乎每一個人都試圖想要管理專案。如同每一項專業所呈現出的事實，總有一些人可以把專案管理得很好，而另外一些人則在這方面沒什麼長才。我的建議是，挑選幾個有意願、又有能力的人擔任專案經理，讓他們管理一些小專案。這樣可以讓「技術型」的人員致力於他們擅長的技術性工作，而不必去操心行政方面的事，同時也能讓擅長於專案管理的人才專心管理好專案。

　　至於如何挑選優秀的專案經理，並不在本書的討論範圍之內。有興趣的讀者，可以參考魏斯基（Wysocki）與路易斯（Lewis）合著的《世界級的專案經理人》（*The World-Class Project Manager*, Perseus, 2001）一書。

全部囊括,難!難!難!

有一項導致專案失敗常見的原因,是專案的贊助人(sponsor)要求專案經理,必須在限定的時間、預算、範疇、達成特定成效的條件下,完成專案。換句話說,這些贊助人完全支配了專案的四項限制條件,因而導致專案失敗。

有關 PCTS 這四項限制條件之間的關係,我用以下的公式表示:

$$C = f(P, T, S)$$

上述公式轉用文字敘述則為:成本(C)是成效(P)、時間(T)和範疇(S)這三個變數的函數。在圖1-1中,我用三

圖1-1 成效(P)、成本(C)、時間(T)和範疇(S)的三角關係

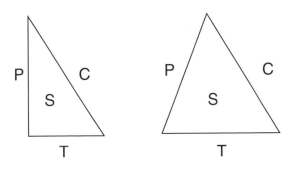

角形來表示四者的關係。在這兩個三角形中，成效、成本和時間各代表三邊，範疇則代表面積。

在幾何學中，如果我們知道三角形的邊長，就可以算出它的面積。或者，如果我們知道三角形的面積和兩邊長，也可以求出第三邊的邊長。這個定理可以實際應用在專案管理上：贊助人可以指定任意三項變數的值，但是剩下一項的值必須由專案經理來決定。

假設贊助人要求看到專案在時間與工作範疇的限制下，達到一定的成效。專案經理的工作就是決定需要花費多少成本，才能獲得那些成果。這個時候，我都會提醒專案經理，當他們去向贊助人報告計算出的預估成本時，一定要帶位醫護人員隨侍在側，以提防贊助人看到數據後，隨時會腦中風或是心臟病發。

贊助人永遠不變的反應是：「怎麼可能要花這麼多錢？」專案經理所提出的預算數字，和贊助人心裏所認為的合理數字，永遠有一大段差距。接下來贊助人可能會說：「如果這個專案真的要花那麼多錢，我們不太可能會批准。」沒錯，那正是他應該做的決策。但是贊助人一定會想辦法，要專案經理答應刪減預算。如果專案經理真的讓步，不必懷疑，最後專案成功的機率肯定會大幅滑落。

碰到這種情形，專案經理們一定要有一個觀念：專案經理有義務向專案贊助人提出合理的預算，幫助贊助人能夠做

合理的判斷，以決定此項專案是否有進行下去的必要。假如專案經理基於某些原因而妥協，降低了專案預算數字，即使專案得以開始推行，日後專案經理一定會為此承受苦果。因此，寧願一開始做好把關工作，以免日後衍生更大的問題。

當然，還有另一種可能性。假如贊助人說，他們最多只能挹注這個專案某個數目的資金，那麼專案經理就需要提出減少工作範疇的建議。如果減少工作範疇的提議可行，專案就可以進行。否則，審慎的做法是放棄這個專案，而去從事可替公司賺錢的其他事情。有人說，專案意外出錯的可能性，永遠高於意外成功的可能性；從成本估計的角度來看，意味著費用超過預算的可能性，永遠會高於費用低於預算的可能性。這只是敘述莫非定律（Murphy's law）的另一種方法。莫非定律說：「只要是可能出錯的地方，就一定會出錯。」

> **KEY POINT**
> 專案意外出錯的可能性，永遠高於意外成功的可能性。

專案的階段

關於專案在其生命週期中所歷經的各個階段，有很多不同的模型可加以說明。其中一種模型說明管理不善的專案經常出現的現象，如圖1-2所表示。

我將這張圖拿給來自世界各國的人看，他們的反應全都

圖1-2　問題叢生專案的生命週期

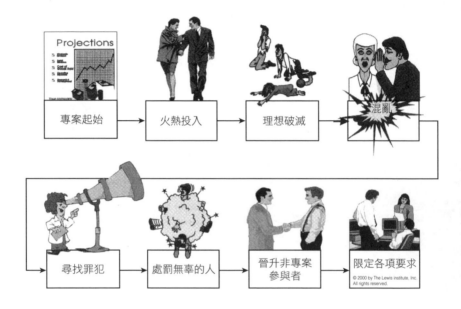

是一致地大笑說：「沒錯，真的是這樣。」我知道不是只有美國人面對如此的專案問題，可悲的是，全球還有更多管理不善的專案，正循著圖中的模式在進行著。

　　從最簡單的層次來看，每個專案都有起始、中期與結束。我較偏愛圖1-3所顯示的生命週期模型，但是還有其他同樣有效的版本。在我的模型中，你將會注意到，每個專案都是從概念的產生開始，此時這個概念必定是模糊不清的。專案團隊必須具體地將專案工作正式定義出來，才能繼續發

圖1-3 恰當的專案生命週期

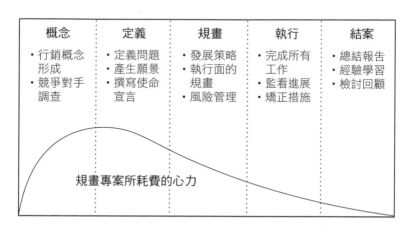

概念	定義	規畫	執行	結案
・行銷概念形成 ・競爭對手調查	・定義問題 ・產生願景 ・撰寫使命宣言	・發展策略 ・執行面的規畫 ・風險管理	・完成所有工作 ・監看進展 ・矯正措施	・總結報告 ・經驗學習 ・檢討回顧

規畫專案所耗費的心力

展各項工作。但是，大家所犯的通病是完全憑著直覺就埋頭蠻幹下去，而沒有保證我們有適當地定義專案工作，或是每個人對專案工作都有共同的使命和願景。隨著專案一路進行下去，這必定會產生重大問題。這種情況可由以下的範例作說明。

定義階段

　　幾年前，客戶公司裏的一名專案經理打電話問我：「我剛剛和我的專案團隊裏的關鍵成員開完電話會議，可是我發現，我們對於專案應該要完成的目標，大家的想法並不相

同。」

我向他保證這絕對是正常現象。

他問我說：「正常？那我接下來該怎麼做？」

我告訴他只有一條路，他必須清楚釐清這項專案的使命（mission），設法引導每一位成員，讓大家的方向完全一致。結果他索性要求我協助他開個會，促使大家凝聚共識。

會議一開始，我要求大家先把本專案要解決的問題，寫在會議室前面的白板上。話一說完，馬上就有人唱反調：「幹嘛多此一舉，在場的每個人都知道要解決的問題是什麼呀！」

我不受這位仁兄的意見所影響，自顧自接著說：「好，如果大家都已經知道的話，就把它當作一個形式吧。把問題寫出來應該只花幾分鐘時間，但我認為把問題寫下來比較能幫助思考。所以，是不是有哪位能幫忙，好讓我開始將問題寫出來呢？」

接下來有人開始說話，同時我把問題寫在白板上，邊寫邊聽見有人說：「我不同意他說的。」結果我們光確定問題到底是什麼，就足足花了三個小時。

這名專案經理說得沒錯，他們連共同要解決的問題都看法不一致，更別說要一起解決問題了。類似事件一再重複發生，這不禁讓我想到，是不是在人類的基因中，天生就有缺陷？否則，為什麼人們總在尚未清楚定義問題之前，就貿然

亂做一通呢？記住一件事：專案管理乃是要從大局著眼來解決問題。如何解決問題，端賴你如何定義問題。即使你擬定的解決方案正確，但若開始時問題定義錯誤的話，到頭來仍會以失敗收場。

事實上，我越來越相信一個事實：專案很少在最後階段才失敗，而是在定義階段時就已經失敗。我稱這些專案為「無頭雞專案」——就像是一隻雞，頭被砍下來以後，身體和腳卻還是在地上四處亂竄，鮮血從脖子裏不斷噴出來，一直跑到最後才倒在地上，「正式」死亡。不良的專案也依循著同樣模式，新專案不斷到處噴灑鮮血，一直到最後終於有人宣布：「我認為這個專案完蛋了。」一切才正式結束。其實，專案是在一開始被砍掉頭時，就已經陣亡了，只是要花頗長的一段時間，才讓每個人都接收到專案的死訊。

一旦專案定義清楚，接下來便可以規畫各項工作。計畫有三大要素，分別是策略（strategy）、戰術（tactics）以及後勤（logistics）。策略是一種綜觀全局的方法，或全盤性的戰略計畫（game plan），讓大家在從事工作時有所遵循。以下我用熱中於軍事史的一位朋友告訴我的故事來說明策略。

擬定策略

專案的策略階段，是要決定為了達成專案要求，你的專

案所要採取的高層次方法。一個好範例是雅方戴爾造船廠
（Avondale Shipyard）這個個案。二次大戰期間，和國防部簽約
的武器製造商們承受極大的催貨壓力。為了要加速製造，滿
足應接不暇的軍艦和軍機需求量，這段期間發明很多新的裝
配方法。舉例來說，位於紐奧良市北邊密西西比河上的雅方
戴爾致力於開發一種更好的造艦新方法。傳統的造艦方法是
將船體正放，但是在焊接船身底部及龍骨部分的鋼料時，正
立的船身相當不利於進行焊接工作，於是該公司決定改變船
體裝配方法，先將船體倒立，方便焊接工作，之後再把船體
轉正，完成甲板以上的船體結構裝配。這個策略非常奏效，
不但船能夠造得更快、造船成本更低，同時品質更優於其他
造船同業，而且直到今天船廠還在採用此策略，施行將近七
十年之久。

專案實施之規畫

　　這個專案階段包含戰術和後勤兩個部分。如果準備要以
倒立方式造船，就必須花工夫擬定如何以這種方式造船的細
節。首先要建造一個固定支架，強度足以支撐船身，並且確
保轉正船身時，使船身不致於受損。上述這些做法稱作「擬
定戰術」，著重細部規畫，同時也包括工作完成的順序，誰
要負責做什麼，還有每個步驟要花費多少時間等。

　　後勤工作的重點是，確保小組有充足的原料及其他補給品，以順利完成各項工作。通常我們能想到的，是要供應足夠的原料給團隊使用。但是假設有一個專案，是在連吃東西都成問題的地點進行，專案工作很快就會被迫驟然中止。這個時候的後勤補給必須擴展到供應食物——有時甚至可能要供應住屋。

執行與控制

　　一旦發展出計畫書並獲得批准，專案團隊便可開始幹活，這就進入到專案的執行階段。本階段還包括控制，因為當計畫書開始逐步實施時，必須有人監看以確保專案進度依循計畫書在進行。只要發現和計畫書有任何偏差，就必須採取矯正措施（corrective action），使專案回歸正軌；然而，如果不可能採取矯正措施，那麼就必須變更計畫書，並獲得批准。當然，修訂過的計畫書會成為追蹤專案進度的新基準。

結案

　　當所有的工作都完成之後，就到了最後的結案階段。結案階段的重點，在於對整個專案一路走下來的狀況做檢討回顧（review），其目的是從每一項工作細節中記取教訓，可供

未來進行其他專案時應用。檢討回顧時有兩個問題必須要問：「這次有什麼地方我們做得很好？」和「下一次我們有什麼應該改進的地方？」

　　請注意，我們並不質問做錯了些什麼。這個問題傾向於使人們變得自我防衛，並試著隱瞞某些事情，以避免遭受懲處。事實上，經驗學習（lessons-learned）的檢討回顧，絕對不該演變成一場批鬥大會，除非是要調查一項人為的重大災難事件，徹查失職人員並懲罰他們，否則檢討應該朝著正面的方向進行。經驗學習會議應該名符其實。

　　過去幾年來，我發現只有極少數的公司會舉行例行性的專案經驗學習檢討回顧。大家普遍都有一種不願互揭瘡疤的心態，只想趕快進行下一個新案子。問題是，前一個專案進行時發生的錯誤，如果沒有人知道那些錯誤，或是了解那些錯誤如何發生，以判定如何預防的話，我幾乎可以確定，先前的專案所犯下的同樣錯誤幾乎肯定會一再發生。但是可能最重要的事情是，若不經由這些經驗學習，來得知你所做過的成功經驗，你甚至無法在接下來的專案中善加利用這些經驗。

　　未來公司生存與繁榮的祕訣在於學習，能夠越快從過去的經驗中學習的企業，將越快凌駕於同業之上，尤其在從事專案時似乎更是如此。

管理專案的步驟

管理專案的實際步驟非常簡潔明瞭，不過要每個步驟都能圓滿完成，就沒那麼容易。圖1-4的模型列出了管理專案的步驟。

本書在後面幾章，將會逐項細述如何完成每一個步驟。現在，我先簡單地介紹每一步驟涉及的重要行動。

一、定義問題

如先前所述，任何專案開始之前，你需要確認專案所要解決的問題是什麼。這樣做有助於讓大家清楚地看見：專案所要得到的最終結果到底是什麼？問題有什麼特異之處？大家能夠看得見、聽得到、嚐得到、摸得到，或是聞得到嗎？（若無法用數量表達，那就運用一些感官能夠知覺的證據，將問題定義清楚。）專案能夠滿足客戶哪些需要？

二、發展出各種解決方案

想一想，針對眼前的問題，總共有哪些不同的解決方案呢？一個人或大家聚在一起腦力激盪，看看有哪些不同的方案。這些方案之中，你認為最好的解決方案是哪一項？這項

圖1-4　管理專案的步驟

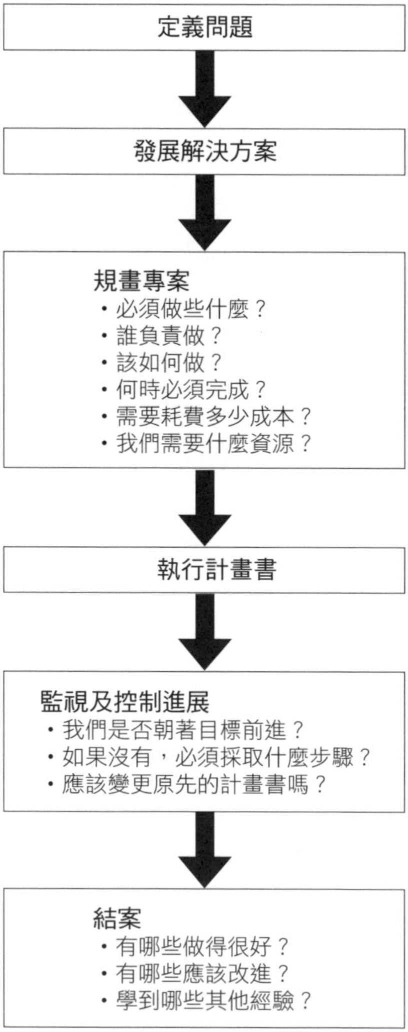

定義問題

發展解決方案

規畫專案
・必須做些什麼？
・誰負責做？
・該如何做？
・何時必須完成？
・需要耗費多少成本？
・我們需要什麼資源？

執行計畫書

監視及控制進展
・我們是否朝著目標前進？
・如果沒有，必須採取什麼步驟？
・應該變更原先的計畫書嗎？

結案
・有哪些做得很好？
・有哪些應該改進？
・學到哪些其他經驗？

方案比其他合適的選擇方案花更多或更少成本？這項方案能
完全解決問題，或只能解決部分問題？

三、規畫專案

規畫其實就是回答問題：必須做些什麼？誰負責做？該
如何做？什麼時候完成？需要耗費多少成本？需要供應哪些
資源？當然，要回答這些問題經常需要一顆水晶球；本書會
在第2章、第3章和第5章更詳細地討論這些步驟。

四、執行計畫書

很明顯的，一旦計畫書出爐，就必須付諸實施。有時
候，我會發現一個蠻有趣的現象：很多人花了好大一番工
夫，鉅細靡遺地擬出一份計畫書，然而卻沒有照著計畫書去
執行。如果最後無人照著計畫書去執行，那麼一開始時從事
規畫工作就沒有什麼意義，不是嗎？

五、監視及控制進展

發展計畫書的目的，是要讓你能成功地達成最終目標，
所以除非能監看計畫書進展，否則無法確定專案是否能成功。

這就像是手上握有一份到達目的地的詳細地圖，但是一上路後，卻不看路旁的指示標誌，這就無法確定是否走對路。

　　當然，一旦發現進行方向與原計畫書有偏差，你就必須自問，需要採取哪些必要措施，才能回歸正軌。假使已經無法還原，就要自問如何修改原計畫書，以反映新的事實變化。

六、結束專案

　　一旦達成目標，只差最後一步專案就算大功告成，有人將這一步稱作審核（audit），更有人把它叫做驗屍——聽起來有點恐怖，不是嗎？不管怎麼講，重點是要從做過的事情中，學到一些經驗。請注意，在審核時，必須特別小心問題提問的方式，較妥當的問法是：有哪些做得很好？有哪些應該改進？學到哪些經驗？對於做過的事情，我們一定有可改善之處。但是如果我們的問法是：我們做錯什麼事？這會讓人們傾向為自己辯護。審查的焦點應該放在如何改善，而不是秋後算帳，之後還會再深入討論這點。

專案管理知識體系（PMBOK®）

　　為了讓專案經理做事有成效，專案管理學會已嘗試訂定

最起碼專案經理需要專精的知識體系。如同先前定義專案管理時所提到,「PMBOK®指南」定義五個流程和十個一般知識領域。我將內容摘要列出如下,讀者如果需要完整資料,可以在該機構的網站www.pmi.org取得。

專案流程

　　流程是一種做事情的方法。如同前面所提到,「PMBOK®指南」確定了用來管理專案的五個流程。儘管其中一些流程在專案的某些階段佔有主要地位,但是這些流程可能在任何時候發揮作用。不過大體來說,隨著專案的進展,這些流程有按照該指南所條列的順序起作用的傾向。也就是說,起始流程最先完成,接著是規畫流程,然後是執行流程,按照這樣的前後順序來進行。假使有專案偏離原先的路線,重新規畫就會開始起作用;假使發現專案陷入嚴重的麻煩,那就有可能必須一路回到起始流程,一切重新來過。

一、起始流程

　　一旦決定要進行專案,那麼就必須起始(initiate)或開始從事這項專案。有一些活動和起始有關。專案贊助人所要從事的一項活動是擬定專案章程(project charter),藉以定義需要做些什麼事,才能滿足專案顧客的要求。這是在企業組織

中經常遭到省略的一個正式流程。專案章程應該被用來核准
專案所要從事的工作；明確訂定專案團隊的權限、責任與責
任歸屬（accountability）；以及建立工作的範疇界限。若沒有擬
定這份文件，團隊成員可能會誤解公司對他們的要求，而這
一點所付出的代價可能非常昂貴。

二、規畫流程

專案失敗的其中一個主要原因是規畫不完善。實際上我
是講得比較客氣一些，大多數時候問題都是因為沒有做規畫
所引起！團隊只是試圖想要「乘著翅膀飛行」，也就是想在
完全沒有任何規畫的情形下就動手去做。正如我在本章前面
所解釋，有很多人都是任務導向，而將規畫看作是浪費時
間，所以他們寧願只是動手去做。當我們談到控制專案時，
將會明白若沒有發展出計畫書，就表示可能無法實際控制專
案。我們只是在拿自己開玩笑。

三、執行流程

我們可從兩個觀點來看專案執行流程。其中一個觀點是
去執行為了產生專案產物所必須從事的工作。針對這個觀
點，較適當的說法稱作技術性工作，而專案進行的目的則是
要製作出產物。請注意，此處我們以非常廣義的意義來使用
「產物」（product）這個字。產物可能是實際看得到摸得著的

硬體或建築物,但也可能是軟體或某種服務,另外還有可能是一種結果。舉例來說,考慮汽車保養的一個專案,該專案包括更換機油或潤滑油,以及對調輪胎等工作。這類專案沒有可碰觸到的實體交付標的(deliverable),但是顯然有必須要達成的成果。而且若是保養工作沒做好,車子就可能因此損壞。

執行也與實施專案計畫書有關聯。我驚訝地發現,團隊經常花時間規畫專案,但是一遭遇到某些困難,就馬上放棄計畫書。因為沒有計畫書就等同於沒有控制,一旦團隊選擇放棄計畫書,團隊成員就不可能對工作有所掌控。遇到困難時,有兩種關鍵性的做法可供選擇:不是採取矯正措施,使專案工作回歸原始計畫書的正軌;就是修訂計畫書,以反映專案的真實現況,並從那個現況為起點繼續往下進行。

四、監視及控制流程

實際上大家可能會認為,監視及控制是兩個不同的流程,但是因為兩者互相結合在一起,因此大家將兩者當成一項活動來看待。我們將目前專案工作的進度到哪裏,和專案工作的進度應該到哪裏兩者相比較,然後採取措施矯正與目標的任何偏離,藉此行使控制。計畫書的目的就是要告訴我們工作應該進展到哪裏,若沒有計畫書,你就不知道現在應該有的進度,所以從定義上來看,也就不可能對專案進行控

制。

　　另外一點，監視進展才能知道你現在進行到哪裏。我們根據工作性質，運用可利用的工具，藉以評定所從事之工作的數量和品質。這項評定的結果，再與規畫的工作內容相比較。若實際的工作內容超前或落後計畫書，那就必須採取措施，使進度回歸到與計畫書相一致。當然，小小的偏差一定會出現，但是除非工作內容偏離到超出事先建立的某個門檻值，或是趨勢顯示將會進一步漂離原先規畫的進展路線，否則都可以將這些偏差忽略掉。

五、結束流程

　　有太多案例顯示，一旦所製作出的產物令顧客滿意，大家就認為專案已完成或結束，但是實則不然。在大家認為專案已完成之前，應該要進行最後的經驗學習檢討回顧。沒有進行經驗學習的檢討回顧，表示未來的專案有可能遭遇到和目前剛完成的專案相同的頭痛問題。

知識領域

　　如同之前所提到，「PMBOK®指南」確定了十大知識領域，每位想被當作專業人士看待的專案經理，都應該熟悉這些知識領域。這些知識領域說明如下。

一、專案整合管理

專案整合管理旨在確保專案得到適當規畫、執行及控制，其中包括正式的專案變更控制的行使。如同此專有名詞所暗示，為了得到想要的專案結果，每項活動都必須和其他每一項活動進行協調，或彼此整合在一起。

二、專案範疇管理

變更專案範疇，經常是導致專案終止的一大原因。專案範疇管理包括授權工作、制訂範疇說明以定義專案界限、將工作細分成有交付標的又可管理的組成部分、驗證規畫的工作量是否已完成、以及明確說明範疇變更之控制程序。

三、專案時間管理

我認為在這裏用時間管理並不是很恰當的字眼，因為時間管理是指個人管理自己的時間。專案時間管理特別提到訂出可兌現的時間表，然後控制工作進度，以達成期限要求。事情就是那樣簡單。因為每個人都將這件事稱作排時程，我們應該將這個知識領域稱作時程管理。（我知道，我可能會因為說法差異這麼大而被逐出 PMI！）

四、專案成本管理

專案成本管理牽涉到估計各項資源成本，包括人力、設備、原料以及差旅費等細項。成本預估完畢後，就要將成本編入預算中並加以追蹤，使專案成本維持在預算之內。

五、專案品質管理

如我先前所說的，專案失敗的一個原因，是專案完成時限過短，導致為了趕時間而忽略或犧牲品質，那是很糟糕的事。準時完成專案，卻發現所交付的成果和預期差異很大，那不是非常有成效的做法。專案品質管理包括品質保證（進行規畫以確保達到品質要求）以及品質管制（逐步審視各項結果，看看是否達到要求）兩部分。

六、專案人力資源管理

專案裏的人力資源管理經常遭到忽略。專案人力資源管理包括確定參與專案工作所需要的人員；決定其角色、責任及從屬關係；招攬那些人員；以及在專案執行時管理他們。請注意，這個主題並未提到實際的人員日常管理。「PMBOK®指南」有提到人員日常管理的技能是必要的，但是並沒有對這些技能多做說明。鑑於這些技能是專案經理必須擁有的最重要技能，「PMBOK®指南」將這些說明省略

掉,就這點來說是其不足之處。

七、專案溝通管理

專案溝通管理包括在規畫期間、執行期間、監視及控制期間,取得和散佈所有專案利害關係人(stakeholder)所需要的所有相關資訊。這些資訊可能包括專案狀態、已達到的成就、以及可能影響其他利害關係人或專案的事件。同樣地,這個主題並未涉及與別人溝通的實際過程。「PMBOK®指南」也有提到這個主題,但並沒有詳加說明。

八、專案風險管理

專案風險管理乃是鑑別、量化、分析、及回應專案風險的系統化過程。對專案有正向影響的事件,專案風險管理要盡可能提高這類事件發生的機率和對專案產生的影響;而對專案有負面影響的事件,專案風險管理應盡可能減少這類事件發生的機率和對專案目標的影響。這是專案管理極為重要的一個觀點,但有時候會被菜鳥專案經理忽略掉。

九、專案採購管理

採購專案所需之物品或服務,是屬於後勤補給的事項。專案採購管理包括決定必須採購之物品、發出投標書或報價邀請書、挑選供應廠商、管理合約,以及在工作結束時終止

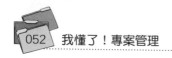

合約。

十、專案利害關係人管理

專案利害關係人管理包括確認與管理可能影響專案，或受專案所影響的那些人員、群體或組織。利害關係人（stakeholder）這個用詞在本質上正如其意，專案經理必須自問：「誰和專案結果有利害關係？」如果被視為利害關係人的那些人可能影響專案，或受專案影響，那麼確認這些人是誰並適當地加以管理，是極為重要的一件事。我們不應該一視同仁看待所有利害關係人。專案經理必須依據他們對專案的影響力，以及對專案的支持程度，來規畫與執行「管理利害關係人參與」所需要投入的時間與心力。

重點整理

◆ 專案是為了產出獨特的產品、服務或結果而進行的暫時性
工作。

◆ 專案也是必須排定時程去設法解決的問題。

◆ 專案管理應用知識、技能、工具與技巧於專案活動,以滿
足專案要求。應用起始、規畫、執行、監視及控制、以及
結束等五項流程,就可實現專案管理。

◆ 所有的專案都受到四項要求所限制:成效、時間、成本及
範疇。贊助人只能限定其中三個項目的數值,剩下的一項
必須留給專案團隊決定。

◆ 導致專案失敗的原因,多半是由於專案團隊並未投入時間
去保證,團隊成員已將待解決的問題定義清楚。

◆ 專案的主要階段包括:概念、定義、規畫、執行與控制、
以及結案。

◆ 必須確認哪些人是專案利害關係人,並管理他們。

問題與練習

1. 專案管理並非只是：

   a. 規畫

   b. 重工

   c. 安排時程

   d. 控制

2. 一位邊做邊管的專案經理，當從事負責的工作與管理專案兩者之間相衝突時，所遭遇的問題會是：

   a. 不知道先後次序為何

   b. 老闆認為他做得很慢

   c. 時間總是不夠應付兩邊

   d. 負責的工作會被優先處理，而無暇於管理

3. 「PMBOK® 指南」是什麼？

   a. 為了使專案經理有成效，專案管理學會認定專案經理需要的知識體系

   b. 由專案管理學會所舉辦的專案經理認證考試

   c. 一種特殊風險分析方法的英文字首縮寫，像是 FMEA（Failure Mode and Effects Analysis；失效模式與效應分析）

   d. 以上皆非

4. 專案範疇定義：

    a. 專案經理對結案日期的預測

    b. 工作量的多寡或大小

    c. 專案多久變更一次

    d. 專案經理的權限

第二章　專案經理的角色

The Role of the Project Manager

全世界的人都似乎對專案經理的角色有很大的誤解。因為很多專案經理都是從工程師、程式設計師、科學家或其他種類工作的職位，自然而然爬升上來。他們和他們的老闆都將專案經理這項工作當作是技術性工作，但這完全不是事實。

> ── KEY POINT ──
> 專案經理的主要責任是保證所有工作都準時、在預算和範疇內、以及在正確的成效水準下完成。

若你還記得，每項專案都會產生產品、服務或結果，那麼你應該知道專案經理這項工作也有技術層面的部分。不過那是誰負責做什麼事的問題，只要是專案經理必須管理專案同時處理技術議題，那麼從一開始就注定會失敗。我會在後面解釋這一點。現在暫且說，專案經理的主要責任是保證所有工作都準時、在預算和範疇內、以及在正確的成效水準下完成，這樣就已足夠。換句話說，專案經理必須見到 PCTS 目標順利達成。他的主要角色是管理專案，而不是去從事工作！

管理是什麼？

專案管理學會（PMI）對專案管理的定義，並未完整涵蓋專案管理真正的本質。還記得 PMI 說：「專案管理應用知識、技能、工具與技巧於專案活動，以滿足專案要求。透過由 42 個邏輯分組而成的專案管理流程，彼此靈活應用與相互

整合，使專案管理得以實現。這些流程構成起始、規畫、執行、監視及控制、以及結束這5大流程群組。」（PMBOK®Guide, Project Management Institute, 2008, p. 6）理論上這種說法聽起來還不錯，但是當專案經理在從事管理工作時，他真正要做的是什麼事？

我不知道是否真的有可能去表達「管理」實際上是什麼。其中一個理由是專案管理就像表演藝術，我們很難用言詞去表達演員、運動員或藝術家做些什麼事。不過我們可以描述專案經理的各種角色，而這正是本章的重點。有一件事應該相當清楚，若你無法描述和定義一個角色，你就不可能將那個角色扮演得非常好，所以這是一個無法避免的課題。

管理的定義

管理的一個常見的定義說，主管是透過其他人來完成工作。只需要稍微想一下，就會了解這個定義毫無用處。獨裁者也透過其他人來完成工作，但是我不會將獨裁的做法稱作管理。最先讓人們了解管理是一種職業，而不是一項工作的彼得‧杜拉克博士（Dr. Peter Drucker），被尊稱為管理學之父。他說，管理者應該主動對企業組織做出貢獻。也就是說，管理者到處巡視，看看需要做什麼事，才能使企業組織的目標理想得以達成。管理者這樣做時，並不需要請求上級

許可，也不必經由別人告知才去做。我們經常將這種做法稱作主動思維，這與被動思維形成對比。

但是最重要的是，除非管理者了解企業組織的使命和願景，並採取主動去協助達成這些目標，否則就無法辦到。而我相信適用於管理者的這條規則，同樣也適用於專案經理。首先，專案經理必須了解企業組織的使命和願景；其次，他們必須見到，他們所管理的專案如何與組織的使命緊密配合；最後，他們必須帶領專案，以保證專案的成果符合企業組織的利益。

專案管理離不開人！

另外一點，我先前說過，專案管理不是一種技術性工作，而是要想辦法讓團隊成員履行必須做的工作，以達成專案目標。從這個觀點來看，管理的傳統定義是正確的，但是杜拉克指出，管理者必須讓人們的表現優於最起碼可接受的成效水準，理由是這個最起碼的水準是讓企業組織得以存活的水準，因此，只想要設法存活的任何公司，都必定無法長久存活下去。競爭者終究會超越那家公司，導致它關門結束

營業。

所以專案經理首先需要的技能是「管理人的技能」（people skills）。缺乏管理人的技能，是很多專案經理主要問題的源頭，而對於一般管理者來說，情形亦是如此。相較於讓人們去執行工作，我發現大多數管理者更知道如何提高電腦、機器與金錢的成效。有很多原因造成這種現象發生，但是最主要的原因是，沒有人教導過他們處理人的問題的實際方法，而且我們無法天生就知道該怎麼做。目前就我所知，遺傳學家還沒有找到基因，可賦予一個人這些管理人的技巧。

此外，很多有堅實技術背景的專案經理發現，有效應付人的問題並不容易辦到。他們都「以事務為導向」，而不是「以人為導向」，而且其中有些人還說，他們憎恨專案經理職務中管理人的部分。我的建議是，如果這是事實，那麼他們就應該放棄想要擔任專案經理的想法。對於憎恨做的事，我們通常做起來成效不佳，但是撇開這個問題不談，我會想問他們，為什麼要耗費生命在你憎恨做的事情上面？

邊做邊管的專案經理

事實上，擔任專案經理一個最大的陷阱，是變成所謂的邊做邊管的專案經理（working project manager）。這表示除了管

理工作之外，專案經理確實還負責執行技術工作。這樣做的問題在於，管理工作與執行工作之間會有衝突產生，因為執行工作的優先順序必定比較高，導致管理工作遭到忽略，這種衝突永遠存在。不過到了要對專案經理進行績效評估時，他會被告知，他的技術工作沒有問題，但是管理方面則不及格。這是不該存在的一種進退兩難處境。

職權

專案經理異口同聲地抱怨，他們有很多責任，但是沒有實權。這是事實，而且也不可能有所改變，恐怕這是專案經理這個職位的本質。然而，想要一個人負很多責任，但是沒有給他相對應的權限，你就不可能要他擔負這些責任，所以儘管專案經理的職權有可能相當有限，但是卻不可能完全沒有職權。

不過，有一句話要提醒專案經理。在我職業生涯早期擔任工程師時，我就知道要擁有多少職權，取決於你願意擔負多少責任。我知道這聽起來很奇怪，因為我們通常認為是企業組織授予我們職權，但結果是，將職權視為理所當然的人，通常會真正取得職權。當然，我不是要鼓吹你違反企業組織的任何政策，那並不是適當運用職權的做法。但是當到了要做決策的時候，你不必請示你的老闆做某一件事好不

好，而是要自行做決策、採取適當的行動但不違反政策、然後告知老闆你做了些什麼事。很多管理者曾經告訴過我，他們希望下屬不要將做決策的事全都丟給上司；他們希望下屬能告訴他們解決之道，而不是將問題丟給他們。換句話說，你的老闆聘請你的目的是要你幫他分攤工作量，好讓他有空檔去做其他事情。

關鍵時刻

　　傑恩·卡爾森（Jan Carlzon）是北歐航空（Scandinavian Airlines）有史以來最年輕的執行長。他能夠登上執行長的寶座，一部分的原因是他授權給所有員工，為了滿足顧客需要，只要覺得應該要採取的任何行動，他們都可以去做，而不必請求准許。他指出，員工與顧客之間每一次的互動都是關鍵時刻（moment of truth），也正是顧客評定航空公司的服務好壞的時刻。如果服務夠好，顧客可能下次會再搭乘北歐航空的班機；相反地，如果服務不好，顧客下次就比較不可能搭乘。如同卡爾森所指出，從顧客的觀點來看，北歐航空的員工就是航空公司本身。

　　卡爾森更進一步修訂標準組織圖。典型的組織圖都呈現三角形，將執行長擺在最頂端，後續的層級隨著主管的位階逐級往下展開，最後在最底部的是第一線員工。這種安排方

式暗示，隨著從最底部逐步往最頂端移動，職權也就越來越
高，而且位在最底層的人幾乎沒有任何職權。

卡爾森將整個三角形上下顛倒，將頂點擺在底部，並將
第一線員工擺在最上面。他說，他之所以這樣安排，是因為
管理者的角色，是要讓第一線員工提供顧客所期待的服務成
為可能。管理者是員工的協助者。當你以這
種方式來看管理者與員工的關係時，管理者
實際上是員工的僕人，而不是他們的主人。

對我來說，這是專案經理這個角色的本
質。因為不管怎樣專案經理的權限都很有
限，請仔細想想這個觀點：專案經理的工作
應該是保證專案團隊中，每個人都擁有要將
他的工作做好所需要的所有資源。若專案經
理真的做到這樣，則專案團隊中大多數人都
會有適當的績效水準。

> **KEY POINT**
>
> 因為不管怎樣專案經理的權限都很有限，請仔細想想這個觀點：專案經理的工作應該是保證專案團隊中，每個人都擁有要將他的工作做好所需要的所有資源。

領導與管理

最後一點，因為專案經理的角色多半是在處理與人相關
的事務，你絕對有必要同時運用領導和管理的技能（請參閱第
14章）。我已經將管理定義成主動對企業組織做出貢獻。談到
領導統御的定義，對我來說，最適當表達領導統御的意義的

似乎是這句話（摘錄自《爬金字塔的人》）：「領導是一門藝術，它使其他人想去做你認為非做不可的事。」這個定義中用了一個很鮮活的字眼──想。

我先前說過，獨裁者強迫別人做事情，而領導者讓別人想去做事情，兩者有很大的差異。獨裁者只要一轉身，人們就會停止工作；當領導者轉身時，人們仍舊繼續工作，因為是他們自願繼續工作下去的。但是最重要的是，獨裁者只能控制他目前的視線範圍內看得到的那些人。

專案經理因為缺乏足夠的權限，顯然他需要運用領導能力。領導者不必密切監視人們，就能讓他們願意做事，而這對專案是必要的。

不過專案經理也必須運用管理技能。事實上，因為管理是在處理行政方面的工作，包括預算、時程、後勤等等，而領導是要人們在最佳水準下做事，因此這兩組技能都必須整合到專案管理的工作之中。若你只運用一組技能，而排除掉另一組技能，則最終結果的成效將會遠低於你將兩組技能整合時的成效。

你想成為專案經理嗎？

專案管理並不適合每一個人。我先前強調，專案管理不是一項技術性工作，而是關於讓人們從事必須執行的工作，

以達成專案的目標。所以當有人問我，什麼
是專案經理所應該擁有的最重要特質，我總
是會說，管理人的技能是最重要的特質，其
他特質的重要性都不如這項特質。只要能處
理與人相關的事務，你就能學習去做所有其
他事情，或是將工作委託給能做那項工作的
人去做。但是能做所有其他事情，但是不擅
長處理與人相關的事務，那就必定無法將事
情做好。

　　現在，問題是你真的想成為專案經理嗎？你喜歡擔負責
任，但只有非常有限的職權嗎？你樂於在有不可能的完成期
限、資源有限、而且利害關係人不講情面的情況下工作嗎？
換句話說，你有一點點受虐待狂嗎？如果答案為是，那麼你
將會熱愛擔任專案經理的這項挑戰。

　　若你是專案經理的老闆，這些是在挑選人員擔任這項工
作時，你應該考慮的事項。不是每個人都適合擔任專案經理
這個職務。

重點整理

◆ 首先，專案經理必須了解企業組織的使命和願景；其次，
他們必須見到，他們所管理的專案如何與組織的使命緊密
配合；最後，他們必須帶領專案，以保證專案的成果符合
企業組織的利益。

◆ 專案經理首先需要的技能是「管理人的技能」。

◆ 擔任專案經理的一個最大陷阱，是除了管理工作之外，還
要執行技術工作，因為當執行這兩項工作之間有衝突時，
專案經理會疏忽掉管理方面的工作。

◆ 專案經理不必要求要有職權，只要自行做決策，採取適當
的措施但不違反政策，然後告知你的老闆你完成了哪些事
情，這樣做就對了。

◆ 專案經理的工作是要保證專案團隊中，每個人都擁有要將
他的工作做好所需要的所有資源。

◆ 專案經理必須同時運用領導和管理的技能。

第三章　規畫專案

Planning the Project

我在第 1 章曾經談到，專案失敗會耗費掉很多成本。幾乎每一項研究報告都發現，失敗的主要原因源自於專案管理不善，尤其是規畫不善更容易導致失敗。要做好規畫工作，有兩個障礙必須先克服：第一個我稱之為優勢典範（prevailing paradigm）；第二個是人的天性。

所謂的典範，是指人們認為這個世界像什麼，而抱持的一種信念。你可以從一個人所做的事，觀察出這個人的信念（或典範）是什麼，因為一個人不斷重複做的行為，會顯現出他們所秉持的信念為何。這個信念倒未必是他們嘴巴所講的，而是他們內心真正相信的才算數。阿奇里斯（Chris Argyris）在其著作《克服組織防衛》（Overcoming Organizational Defenses: Facilitating Organization Learning）一書中，稱以上兩種信念為一個人信奉的理論（theory espoused）以及實際上的理論（theory in practice）。在此舉一個例子來說明：我開了一門與「專案管理工具」有關的講座，課後有名學員跑來告訴我，他在上完我的課回到公司後，隨即把他的專案團隊成員找來開會，開始準備一項計畫。哪知道老闆把他叫到會議室外面。

老闆問他：「你在幹嘛？」

「我們在規畫專案，」他解釋。

「你還有時間搞那些五四三呀？」他老闆說：「叫所有人全部離開會議室，好讓他們有時間把事情做完！」

很明顯的，這位老闆壓根不相信規畫是有用的。那麼，

這就產生一個問題:「如果做老闆的根本不相信訓練課程所教的東西,那他為什麼還要員工來上這門訓練課程呢?」你如何解釋這種現象?

　　人們不做規畫的第二個理由是他們發現,規畫是頗為痛苦的一項活動。有些人,特別是工程師和程式設計師,很害怕公司要他們估計,需要多少時間完成某項任務。因為他們通常都沒有歷史資料可供參考,所以最多只能用力猜而已。這些人也知道,估計出來的數字非常不可靠,但是他們更怕實際完成日趕不上預定的進度,自己的麻煩就大了。正如我的公司裏的一位工程師曾經告訴我說:「你不可能替創造力排時間表。」

　　我的回答是,或許這是事實,但是我們必須假裝自己能辦得到,因為除非我們先將完成日期訂出來,否則不會有人願意出錢資助專案。從此以後我改變想法,認為我們可以有限度地替創造力排時間表。事實上,再沒有什麼比緊迫的截止時間更能激發創造性思維了。如果你不設時限,只會讓每個人游手好閒,最後什麼東西都沒有產生。

　　不過我們發現,當人們被要求規畫專案時,他們發現這項活動相當痛苦,因此開始抗拒造成痛苦的原因。最終的結果便是他們越抗拒,痛苦的程度就越高,如圖3-1中1號曲線所顯示。而他們所經歷的痛苦的總和,就是曲線下方的總面積。

圖3-1　專案進行過程中的兩條痛苦曲線

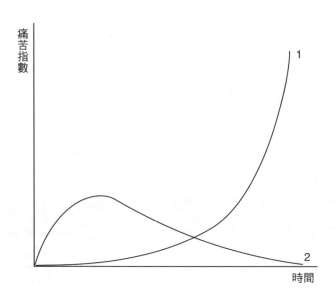

在該圖的2號曲線早期承受很多痛苦，但痛苦隨著時間軸拉長而減小，曲線下方的總面積最終還是小於1號曲線下方的總面積。

專案規畫絕對必要

管理的主要功能，是要保證達成組織想要達到的目標，這是透過控制有限的資源而達成。然而，控制這個字有兩種含意，我們必須清楚自己運用的是哪種控制。

控制的第一種含意是「權力與支配」，在管理上有時候也稱作「命令與控制」方法，這種控制方法最壞的極致，就是以恐懼和脅迫來達到目的。當人們沒有其他滿意的雇用選擇，或是沒有離開的自由時（如服役的阿兵哥或服刑的犯人），這種控制方法可以奏效。但是在健全的經濟體制下，很少員工可以長期忍受這樣的管理方式。

> **KEY POINT**
> 我們將目前專案工作的進度到哪裏，和專案工作的進度應該到哪裏兩者相比較，然後採取措施矯正與目標的任何偏離，藉此行使控制。

控制的第二種含意，也是我提倡管理者應該採用的含意，就是將目前專案工作的進度到哪裏，和專案工作的進度應該到哪裏兩者相比較，然後採取措施矯正與目標的任何偏離，藉此行使控制。但請注意，這只是一種資訊系統或指導性質的定義，另外還必須具備兩樣東西，才可達到真正的控制：

第一，你必須有一份計畫書，才能知道你應該有的進度在哪裏。沒有計畫書就不可能有控制，我們幾乎每天都需要提醒自己這件事，否則一直在處理大大小小眾多事情，很容易忘記計畫書的重要性。

第二，如果不知道現在的進度到哪裏，你就不可能有控制。要知道現在的進度到哪裏，並不像表面上看起來那麼簡單，特別是在從事知識性工作（knowledge work）時。例

> **KEY POINT**
> 沒有計畫，就等於沒有控制！

如，你預計今天要寫10,000行程式指令，結果總共只寫了8,000行，難道這表示你只完成80%的工作而已嗎？不一定，你也許想到更好的方法，使程式縮短了。

無論如何，要記住的主要重點是除非有計畫書，否則就不可能有控制，所以規畫是絕對必須做的事情。

另外一個讓人們不做規畫的陷阱，就是認為沒有時間做規畫，因為他們真的需要迅速完成工作。沒錯，做規畫是件違反直覺的事，但是換個角度想，假如你可以毫無時間限制地去完成一件事，那麼就真的不需要計畫書。但是因為有時間壓力，更顯得做規畫的重要。舉一個簡單例子，想像你搭飛機到芝加哥去參加一場會議，這是你第一次到這個城市，下飛機時已經剩下不到一個小時的時間，會議場地又在城市的另外一邊，當你急忙向租車櫃台辦理手續，櫃員好心問你要不要一份市區地圖時，你卻回答說：「我沒有時間研究地圖，我得趕快趕到會場去。」你到得了才怪！

規畫的定義

規畫工作正好回答圖3-2所提出的問題。這些問題可簡化成「誰、什麼、何時、何處、為何、多少、多久」七個問

圖3-2　規畫就是回答問題

誰負責做？

何時必須完成？

需耗費多少成本？

該如何做？

必須做什麼？

必須做到多好？

題。若你曾經研究過面試方法，就會知道這些問題。事情就是這麼簡單；也就是這麼困難。我說困難是因為，有時候若要回答其中一些問題，可能需要一顆水晶球。特別是回答「任務多久能完成？」這類問題，在沒有歷史資料可供參考的情形下，絕對是一個很難回答的問題。就像我的公司裏的那位工程師所說的：「你不可能替創造力排時間表。」

策略、戰術及後勤

　　想要適當地規畫專案，有三種活動必須在規畫時執行，那就是策略、戰術以及後勤。

　　策略是指你用來進行專案的全盤性方法，類似於所謂的戰略計畫。就像我在第 1 章所提到的，數千年來造船時都是以龍骨在下的方式建造，這樣船一入水就可以直接浮在水面上。這種方法一直沿用到 1940 年代，當時正逢第二次世界大戰，軍方對造船廠施加極大壓力，要求以更快速度建造軍艦。這個時期的船艦已使用鋼板建造，而非木頭。造船工人很快就發現，龍骨部分特別難施工，因為工人很難從船身外部站到船下，而從船身內部，又必須讓工人身體倒立才有辦法焊接。

　　雅方戴爾造船廠決定改用一種更簡單的方法製造鋼材的艦身，就是將艦身倒立。這樣一來，工人可以站在船上，從船身外部焊接龍骨部位，而內部的焊接工人也可以站著工作。這項策略的成功，使得該公司可以用比同業更快、更經濟、更高品質的方法來製造船艦，而且這種方法到今天仍舊還在使用。

　　太多時候規畫人員選擇專案策略，只是因為「向來都是這麼做」，這不見得是最好的選擇。在進行詳細的專案執行規畫之前，你一定要不斷問自己：「做這件事最好的策略是什麼？」

執行面的規畫

一旦決定把船顛倒過來建造，接下來就要訂定出所有的實行細節。有時候，我們形容必須規畫這些細節的縝密程度，就像是確保一篇文章裏的每一個英文字母 i 上方都有點一點，t 都有劃一橫，那樣地鉅細靡遺。這正是回答「誰、什麼、何時、何處」等問題所應該達到的詳細程度。事實上，很多人談論規畫時，最先想到的就是執行面規畫。不過，若是專案策略錯誤，無論執行計畫規畫得再怎麼完善，都只能協助你更有效率地加快專案陣亡。

後勤的重要性

當過兵的人都能很快告訴你，注意後勤補給的好處。作戰時如果少了彈藥、食物、衣物或運輸等物資的供應，根本就無法打仗，而後勤就是在處理這些事情。我曾經看過一份建築專案的進度表（遺憾的是這個專案現在已經終止了），在一定數量的磚塊運抵施工現場後，這個專案的現場負責人會登錄數量。該進度表隨後顯示，在特定的利用率之下，他們何時會缺料。這樣可以提醒現場負責人，就在現有的存量用完之前，排定時程適時地補進新料。

有人告訴我，在印度進行的一個道路建設專案，工人的

生活條件實在是爛得可以；食物很爛、睡覺的地方相當糟糕，工人們的士氣都壞到谷底。不過，這個專案的經理和幕僚們，卻住在附近城市一間很棒的旅館裏。最後，這名經理發現問題越來越大，下定決心和所有幕僚全部搬到現場和工人一起吃住。生活條件立刻大幅改善，工人們的士氣和生產力也立刻提升起來。這個例子是從周邊觀點，說明後勤的重要性。

計畫書的內容

專案計畫書至少要包含以下所列的內容才算合格。我建議將這些內容擺在一個集中存放的專案資料庫中。當然，一開始這個電子檔案只含有專案計畫書而已，但是隨著專案的進行，之後就會加入報告、變更以及其他文件，所以當專案結束時，這個檔案就含有本專案完整的歷史紀錄。這些紀錄可以做為其他人規畫與管理他們自己的專案時，當作參考資料使用。

一份完整的專案計畫書，內容必須包含的基本要項有：

▶ 問題陳述。

▶ 專案使命宣言（mission statement，第5章會說明如何發展出使命宣言）。

▶專案目標（請參閱第5章的討論）。

▶專案工作要求。同時要包括所有交付標的（deliverable）
的明細表，譬如報告、硬體、軟體等。若能在專案的
每一個重要里程碑（milestone），都有該階段的交付標
的，將更有助於衡量專案進展。

▶完成標準。每個里程碑都需要建立一個完成標準，以
用來判定前面階段的所有工作是否都真的完成了。假
使里程碑沒有提供交付標的，完成標準就變得非常重
要。

▶須符合的最終項目規格。這意思是指工程規格、建築
規格、建造規範、政府法規等等。

▶工作分解結構（work breakdown structure; WBS）。為了要達
成專案目標，就要確認必須執行的所有任務。WBS也
是一種以圖示方式表達專案範疇的利器（請參閱第7章）。

▶時程表（專案計畫書應該提供里程碑及工作時程表。請參閱
第8、9章）。

▶必要的資源（人員、設備、原料、工具等）。資源的需要
量，必須配合時程表明確說明（請參閱第8、9章）。

▶控制系統（請參閱第10、11、12章）。

▶主要參與人員。使用直線責任職掌表（Linear Responsibility
Chart）來做規畫（請參閱第7章）。

▶風險區域和可能的應變措施（請參閱第5、6章）。

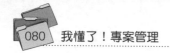

會簽計畫書

一旦準備好計畫書，就要送交利害關係人會簽（sign-off）。
以下說明簽署的意義，以及對處理會簽過程的建議：

▶ 簽署的意義，是表示每個人對專案貢獻己
力做出承諾，並同意訂下的工作範疇，以
及接受規格的有效性。主要參與人員的簽
署並不是成果的保證，而是做出承諾的意
思。畢竟還是會有一些無法控制的外來因
素發生，所以很少人願意保證成果如何。
不過，大多數人願意做的，是承諾會盡全
力，完成自己應盡的義務。如果將簽署視
為一項保證，結果不是造成人家拒簽，就
是即使簽了，也不會覺得自己對協議做出
了真正的承諾，這兩種反應都不是簽署想
要達到的目的。

▶ 專案計畫書最好不要經由電子郵件會簽，
而是應該在專案計畫審查會議中簽署。靠
電子郵件傳來傳去進行簽署，這種做法很
少行得通。在忙碌的情況下，人們閱讀信
件的時間和仔細程度都會打折扣。如果能

在會議上進行會簽，很多重要的看法和意見都會紛紛出籠。

▶在專案計畫審查會議上，要鼓勵大家多朝現有計畫開火，找出其中不周全之處。這總比計畫付諸實行後，才發現一大堆漏洞要好得多。但是，也不要讓每個人都變得吹毛求疵，畢竟會議的目的在於確定計畫確實可行。

—— KEY POINT ——
要鼓勵大家在審查
會議上找出問題，
而不要在會議結束
後才提出。

變更計畫

如果計畫定案後，從此不必再更改，那該有多好！不過這只是夢話。沒有人可以完全預料未來會發生什麼事，意料之外的問題總是會發生，重要的是，要能有條理的應付變局，並遵循標準的變更程序。

—— KEY POINT ——
以有條理的方式進
行變更，並遵循標
準的變更程序。

如果沒有運用變更控制，專案就有可能因為預算超支、進度落後和無可救藥地不恰當，而在警告訊息太晚出現的情況下終結。以下是處理計畫變更時的一些建議事項：

▶只有在產生明顯的偏差時，才有更改計畫的必要。明顯的偏差通常是指，相對於原設定目標，在可容許誤

差範圍之外，所產生的偏差。

▶ 一定要控制變更，以保護每一個人不受範
疇潛變（scope creep）所影響。範疇潛變是
導致專案產生額外工作的變更。若我們未
看出範疇變更，並適當地管理這些變更，
專案就有可能一下子出現大量超支，或是
有嚴重落後時程的問題。

▶ 應該把計畫更改的原因記錄下來，做為未來規畫其他
專案計畫時的參考。應該據實記錄發生變更的原因，
而不要變成指責與懲處的陳述。

第11章會介紹管理專案變更的完整流程。

有效做規畫

以下是能夠幫助你，更有效地進行規畫的一些建議：

▶ 為計畫做規畫。想讓一大群人湊在一起製作一份計畫
書，實在是不簡單，所以在召開規畫會議之前，應該
事先進行規畫會議的規畫，否則可能會演變成雞同鴨
講大賽，無法善終，這種情況令很多企業組織感到苦
惱。這裏的意思是，必須準備好一份議程，盡可能控
制會議時間，同時不要讓與會者發生脫序行為；會議

主席一旦發現，某人話鋒已經開始離題時，要立即拉回到主題來。坊間有很多很好的主持會議指南書籍，讀者可自行參考（例如 Tom Kayser 的著作《*Mining Group Gold*》〔McGraw-Hill, 1990〕）。

KEY POINT

規則：必須從事專案工作的人員，就應該參與專案計畫的擬訂。

▶必須執行專案計畫的人員，應該要參與專案計畫的擬訂，否則可能要冒的風險是：這些人員覺得不必對計畫做出承諾、他們的估計可能有錯誤、而且可能遺漏掉重要的任務。

▶規畫的首要要務，是隨時做好重新規畫（replan）的準備。意想不到的障礙必定會突然出現，而且必須加以處理。這也表示若計畫有可能必須做變更，你就不應該在計畫中放入太多細節，因為那樣做只是浪費時間而已。

KEY POINT

規畫的首要要務，是隨時做好重新規畫的準備。

▶既然意想不到的障礙無可避免，對於預期最有可能發生的障礙，請務必先做好風險分析（請參閱第6章）。請擬訂備用的 B 計畫，以防萬一 A 計畫行不通時採用。你會問如果是這樣，為什麼不乾脆一開始就用 B 計畫呢？原因是 A 計畫是比較好的計畫，只不過有一些缺點。B 計畫也有缺點，只是必須和 A 計畫的缺點不

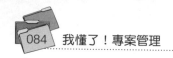

同，否則考慮將B計畫當作備用計畫將毫無用處。

進行風險分析的簡單方法是問說：「可能
會在哪裏出錯？」我們應該針對時程、工作
績效和專案計畫的其他部分進行風險分析。
有時候光只是確認風險，就足以避開危機；
但是如果真的閃不過，至少你也有備用計畫
可利用。不過要注意的是，假如你和那種非
常熱愛分析的人共事，他們可能會陷入因為可供分析的資料
太多而變得優柔寡斷。請記住，你的目的不是試圖找出每一
種可能發生的風險，而只是找出相當可能發生的那些風險。

▶ 規畫要從「**目的**」開始，同時要做一份問題陳述。照
理講，企業組織裏的所有行動，都是為了要達成某種
結果而採取的。換個說法，就是為了要「解決某個問
題」而採取。但是請小心，在此必須確認最終使用者
真正需要解決的問題。我看過有些專案團隊，以他們
本身的想法為主，設計出他們認為客戶需
要的解決方案，結果沒被採用，造成企業
組織極大的浪費。

▶ 利用工作分解結構（在第7章討論）切割實
際工作，要切細到你可以正確估計每一項
工作所消耗的時間、成本及資源需求。

專案規畫步驟

基本的專案規畫步驟如下，其中一些主題將會在下一章中詳細討論：

▶定義專案所要解決的問題。

▶訂出使命宣言，接著再做主要目標說明。

▶訂出可達成所有專案目標的專案策略。

▶撰寫範疇說明書，以定義專案界限（哪些要做和哪些不要做）。

▶訂出工作分解結構。

▶使用工作分解結構估計活動期間、資源需求及耗費成本（就你所處的環境來說，適當的數量或金額）。

▶準備專案的主要時程表及預算。

▶決定專案組織結構──使用矩陣式組織或階層式組織皆可（若你可自由選擇的話）。

▶產生專案計畫書。

▶由所有專案利害關係人會簽專案計畫書。

重點整理

◆ 沒有計畫，就無法控制。

◆ 必須執行專案的人員，就應該參與專案計畫書的擬訂。

◆ 要在正式會議中會簽計畫書，不要以辦公室之間的電子郵件行之。

◆ 要把所有專案有關的文件，集中在一個電子專案文件夾中。

◆ 運用完成標準來衡量，是否里程碑已真正達到。

◆ 要求專案計畫書的變更必須事先經過核准，才可以進行變更。

◆ 風險管理應該成為所有專案規畫的一部分。

◆ 所謂的典範，是指人們認為這個世界像什麼，而抱持的一種信念。

◆ 做規畫就是回答「誰、何處、為何、什麼、何時、如何、多久及多少錢」這些問題。

◆ 後勤就是供應做事的人完成工作所需要的一切原料及物料。

問題與練習

我們談過策略、戰術和後勤，哪一項必須先決定？

　　a. 策略

　　b. 戰術

　　c. 後勤

　　d. 無所謂

戰術的功用是什麼？

你會在什麼時候規畫後勤？

第四章

將利害關係人管理納入專案規畫流程

Incorporating Stakeholder Management in the Project Planning Process

如同第3章所提到，利害關係人（stakeholder）是指對於專案結果具有既得利害關係（換句話說，利害攸關）的任何人。利害關係人可能包括：專案的主要參與人員、顧客、管理者與財務人員。專案管理學會將利害關係人定義成：「可能受專案決策、活動或結果影響的個人、團體或企業組織。」因為他們會直接影響專案的成敗，因此無論我們如何定義這個角色，我們都必須確認哪些人是專案的利害關係人，然後在整個專案存續期間內加以管理。

早年在格魯曼航太公司（Grumann Aerospace）任職時，我是採購專員團隊其中一員，我們奉命要建立與實施一套供應商績效評比系統。那是一個相當棒的團隊，我們都賣力工作，但是沒有人受過專案管理訓練。結果有些規畫活動（例如時程安排、預算）被當成一項流程正式完成，但是其他規畫活動則沒有完成，尤其是管理利害關係人這項活動。我們在建立新系統時，忘記將格魯曼德州辦公室很重要的一群人納入考量，這讓他們不太高興。儘管商業禮儀與禮節不容許他們表達真正的反應，但無庸置疑，他們的反應還是相當直接，而且按照他們的建議去做也令我們感到相當痛苦。這項疏忽造成了專案延遲，也導致很多不必要的衝突。如果我們從規畫過程一開始就做好工作，並確認我們的利害關係人，這個專案就能準時在預算範圍內完成。我們犯了原本不必發生的一個非強迫性錯誤。

將利害關係人排序

管理利害關係人不一定很困難，但是的確需要花費一些心力。這項工作從確認個別利害關係人開始，你可以先問以下三個基本問題：

1. **誰從專案得利？**把焦點擺在專案交付標的，看看誰將會得到利益。交付標的可能是任何數量的東西，包括新的內部流程、軟體應用程式、或即將在市場上銷售的新產品。

2. **誰對專案有貢獻？**為了完成專案工作，你將會仰賴哪些人或哪幾組人。這個族群可能包括專案團隊成員、專案贊助人，與專案團隊外部的主題專家（subject matter experts）。

3. **誰會受到專案影響？**專案交付標的可能影響到未必從該交付標的的受益的其他人，例如替購買者更新軟體的IT部門，或是為了新行銷活動而提供優先順序資料的工程部門人員。因為他們的工作會受到專案交付標的所影響，這些個人與群組都必須被視為利害關係人。

接下來你必須分析，每一類利害關係入如何與你的專案計畫產生關聯。有些人是支援性質，其他人則否。將抱持負面態度的利害關係人排順序，並盡可能處理他們的顧慮，這

件事非常重要。抱持負面態度的利害關係人，可能是你工作上最要好的朋友，她的專案所需要的資源，剛好和你的專案需要的資源一模一樣；抱持負面態度的利害關係人，也可能是抗拒改變的一位部門主管，因為你的專案交付標的可能會造成這項改變。為何利害關係人對你的專案不抱持正面態度？其背後的理由可說是林林總總，而你的工作就是要找出這些人是誰，以及這些負面態度背後的理由是什麼。

　　圖4-1所示的利害關係人方格（stakeholder grid），就是協助你管理利害關係人的一項利器。一旦確認利害關係人後，就可以分析他們對專案的態度（或支持），以及他們在企業組織內部的影響力（或權力）。確定這些動態關係後，你就能夠將他們擺在方格中適當的象限內。這些利害關係人有些會和

圖4-1　利害關係人方格

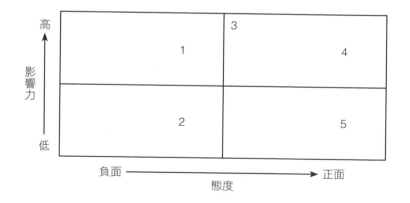

你站在同一邊,有些則否。你可以依據這些利害關係人落在哪個象限,而決定對他們做出何種反應,以及如何進行互動。

低影響力或權力小的那些利害關係人,由於他們所造成的影響極小,並不需要花你太多的時間或心力。具有高度影響力或權力極大的那些利害關係人,如果他們對專案抱持負面態度,就可能對專案造成極大破壞力;但是如果他們對專案抱持正面態度,那麼專案經理就能夠善用他們的影響力。例如:

▶ **第2人**。他對專案抱持負面態度,但是他的影響力不大。專案經理不需要在此付出太多心力,但是要將他擺在監測名單中,因為他的職位也有可能晉升。

▶ **第5人**。她對專案抱持正面態度,但是她的影響力不大。這對專案有好處,但並不會特別有幫助。

▶ **第3人及第4人**。這些利害關係人對專案抱持正面態度,而且他們的影響力極大。對專案經理來說這是一個機會,可利用他們的影響力去說服其他人。

▶ **第1人**。這個人是個危險人物,因為她對專案抱持負面態度,而且她的影響力極大。若沒有正確處理,那麼她有可能使專案胎死腹中。要改變她的態度,這可能需要一場正式會議、早餐一起喝咖啡、一頓很棒的

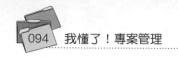

午餐、或是好好找個時間一起喝一杯。你的目標是要找出她反對專案的原因，並設法使她的反對力道變小。

經過這些適當規劃，專案經理就比較不會陰溝裏翻船。請先行付出你的努力，隨後再投入時間從事工作，這將使你的專案獲得成功。第14章我會介紹專案經理如何擔任領導者。管理利害關係人正是你發揮領導能力去設法說服他們的時機點。

讓關鍵利害關係人參與專案

當專案經理管理與執行專案時，利害關係人的參與代表你付出努力讓利害關係人涉入專案，並了解他們的顧慮。有些利害關係人對於你的專案能否成功極具關鍵性，為了使專案成功，你必須讓他們參與或涉入專案。基於他們的專業或在制度方面的知識，或是他們在企業組織內部或對於參與專案之各方人員的影響力，你可能想要讓一些利害關係人參與專案。

專案管理學會在「PMBOK®指南」中，提供一種利害關係人參與評估矩陣（Stakeholder Engagement Assessment Matrix）的模型（請參閱圖4-2）。透過繪製出利害關係人目前以及我們希

望其參與的程度，可協助全面性地管理利害關係人。此參與
評估矩陣可當作利害關係人登錄表的有效補充，因為它使專
案經理能繪製出想要每位利害關係人參與的程度。接下來專
案經理可擬定並執行一項計畫，以驅使每位利害關係人做到
專案想要他們參與的程度。

圖4-2　利害關係人參與評估矩陣

利害關係人	不知道	抗拒	中立	支持	帶頭
利害關係人1	C			D	
利害關係人2			C	D	
利害關係人3				DC	

關鍵字：

不知道。此人不知道專案及其潛在影響。
抗拒。知道專案及其潛在影響，但抗拒改變。
中立。知道專案，但不支持也不抗拒。
支持。知道專案及其潛在影響，但支持改變。
帶頭。知道專案及其潛在影響，並積極參與以保證專案成功。
C＝目前的參與程度（Current engagement）
D＝希望其參與程度（Desired engagement）

　　在此圖中，利害關係人1對專案一無所知，但你想要獲
得他對專案的支持。顯然你還有一些工作要做。利害關係人
2對專案抱持中立態度，但你想要獲得她對專案的支持。可
能你需要一場短暫會議或和她一起喝杯咖啡，以贏得她對你

的專案的支持。利害關係人 3 已經抱持支持態度，顯然這是好消息，因為只要些許努力或完全不必付出努力，就可以獲得他的支持。你可以定期做查核，以確定他仍然保持相同立場。

要抱持積極主動態度，並盡可能讓利害關係人參與專案。專案經理務必投入必要的時間與心力建立一個利害關係人參與評估矩陣。在典型專案環境的迷霧當中，有一個簡單的矩陣可以仰賴，肯定非常有用。當然，專案經理應該將這個矩陣隨時保持在最新狀態。

設身處地與利害關係人溝通

所有的利害關係人都同意你的專案的每項要件，如同專案章程中所陳述的那樣嗎？事實可能不然。利害關係人人數眾多又形形色色，他們也經常受到專案交付標的不同的影響。他們對技術的專精，以及擁有產品或專案知識的多寡，在程度上差異甚大。

為了讓每個人同心協力朝相同方向邁進，並藉此充分互動，專案經理務必評估這些利害關係人整體的經驗，以及他們的專案知識水平。為了有效影響利害關係人，專案經理必須調整自己的知識水平，讓大家可以說共同的專案語言。職場學習專家凱倫・費莉（Karen Feely）提醒大家，要注意影響

很多專案經理的所謂知識的詛咒（Curse of Knowledge）。她建議你要記住，對於某一個主題，並非每個人都像你知道的那麼多，你需要就他們所了解的程度和他們交談。

為了克服這個詛咒，費莉女士建議，當設身處地與你的利害關係人溝通時，你要將焦點擺在四個不同群組（請看圖4-3）。

圖4-3　溝通對象的知識水平與溝通指南

溝通對象	知識水平	溝通指南
專案經理	• 對於專案或主題有深度知識，知道專門術語、行話與頭字語	• 可接受使用行話或頭字語，並且不必解釋術語
客戶主題專家與客戶專案經理	• 對於專案或主題具備相當多知識。對於專案流程有些了解，但不了解所有專門術語。	• 將技術語言翻譯成專案語言 • 納入一份專案／技術術語詞彙表
專案贊助者	• 具有整體概念 • 不專注於細節 • 對於技術行話的了解非常有限	• 他們最關心達成專案目標及願景 • 較不需要技術行話與細節
其他人（最終使用者等等）	• 知道事情目前如何運作 • 不具備真正的專案知識	• 將術語翻譯成白話 • 傳達願景與目標 • 避開專門術語

多數人都在自己的舒適區（comfort zone）和他人進行溝通。專案經理必須在一個聚焦又有彈性的過程中，規畫並執

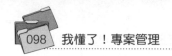

行與利害關係人的溝通。當遇到對你的專案工作技術層面有
深刻了解的利害關係人，就可能不存在知識的詛咒，但這位
利害關係人也需要讓別人能夠聽懂他說的話。與這位利害關
係人一起工作時，要讓他成為資產，而不要變成專案進展的
阻礙。

管理多文化利害關係人

專案經理很自然而然就會培養出對於工作環境動態變化
的一種直覺。隨著在發展完備的企業組織結構中從事管理工
作的經驗，以及在穩定的工作場所文化中與人們互動，這種
直覺會逐漸孕育而生。企業組織的基礎架構，不需明說就會
充滿熟悉的流程、規則與規定。不過企業組織的文化環境可
能有更加細微之處，需要專案經理付出一些心力去衡量文化
的動態變化，並推動有效的利害關係人互動。

根據利害關係人的文化，調整管理方式

我現在人在何處？這是一個相當簡單的問題，可用來判
定在不同的企業文化環境中，專案經理管理專案利害關係人
的方法是否有必要做調整。你正帶領來自其他部門、設施、
地點或國家的人嗎？你了解他們的工作文化嗎？他們的工作

文化和你的工作文化如何不同？請務必調整你的行事風格，好讓你的團隊成員能力得以發揮到極致，並讓其他利害關係人對你的專案做出最大的支持與協助。

回想2008年時，我在紐約市立大學的研究所教授一堂MBA專案管理課程。我的一位學生特別邀請一位演講者（一家大型全球性金融公司財務長），她的演講主題和組織文化的衝擊有關。她全身充滿魅力，在課堂上談到她在前一家公司任職時的經驗。在那家公司，若會議時間訂在早上10點鐘，那表示你至少要提前5分鐘抵達，否則就算遲到。在她目前任職的組織中，10點鐘可能是指10點鐘之後的5或10分鐘，而且大家都在閒聊八卦，打聽她哥哥的新生嬰兒的大小事。她一時很難適應，還好有位同事及時幫助她，協助她修正她的行事風格。

五個文化面向

與利害關係人互動時，他們的文化應該總是列為一項考慮因素。荷蘭社會心理學家霍夫斯塔德（Geert Hofstede）於1974年，對一大群IBM全球員工進行一項研究。他的研究發現，一個社會的價值觀系統是五個關鍵面向的組合（請參閱圖4-4）。可以藉由這些面向來找出在特定的工作文化中的行為指標。某個特定工作文化的形成，乃是團體中的每個人在這

些面向上的傾向，加總後的結果。管理利害關係人文化時，
這個研究結果可能對專案經理非常有用。

圖4-4　五個文化面向

面向	文化得分低	文化得分高
1. 權力	仰賴共識來做決策	仰賴階層組織結構來做決策
2. 避免不確定性	對於混淆不明或未知情況感到自在	覺得受到混淆不明或未知情況的威脅 偏好結構與可預測性
3. 個人主義	重視團隊甚於個人	重視獨立自主 將個人需求擺在團隊需求之前
4. 自信	傾向更加謙虛	傾向自我推銷
5. 時間觀點	訴求立即獲得利益	訴求長期對企業組織有益處

　　了解這些面向將會協助你建立信任感。當你與利害關係
人缺乏信任，那不算是一種關係，而是一顆定時炸彈。那是
即將變成事實的一種風險。

　　當管理多文化利害關係人時，信任因素變得特別重要。
當我在格魯曼專案中逐漸成長時，文化上的挑戰極少。每個
人在行為上看起來都很像，其主要原因是，格魯曼公司是從
一個共用的資源庫中取得資源。當我接受美國管理協會
（AMA）專案管理全球實務領導人（Global Practice Leader）這個
職位時，紐約市總部有來自全世界各國的員工。我的一位團

隊成員想看我的手相,並告訴我我的未來會怎樣,但是我並不想知道,我告訴她針對不可測的未來,我已經備妥風險管理計畫。美國管理協會的文化,帶給我個人極大的成長機會,同時也帶給我不小的利害關係人管理上的挑戰。最後我贏得我的利害關係人的信任,但是運用主動性的五面向方法來管理利害關係人,會更有效率得多。

和遠處外部利害關係人一起合作

眼不見為淨(Out of sight, out of mind)。流傳久遠的諺語之所以會一直流傳下去,因為它說明了一些事實。我的專案團隊成員與利害關係人因為來自世界各地,因此需要全副精力去處理他們的問題。遠處的專案外部利害關係人總是會帶來獨特的挑戰:我們經常被迫要透過電話會議、網際網路、視訊會議、Skype 和其他技術,與這些利害關係人進行溝通,而談論的主題正是關係障礙!

專案經理要投入時間與心力,和專案團隊成員與利害關係人進行一對一互動,讓彼此互相認識,並運用五個面向當作工具。這樣做可協助減少或預防剛開始接觸時的不信任感。身為領導人,專案經理要運用信任,並將信任當成無價之寶。善用這項策略將能幫助你建立並維持信任,也能幫助你更有效進行溝通。

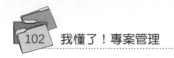

讓利害關係人團結一心

　　雖然很困難，但是你仍然要嘗試讓來自不同文化與背景的利害關係人團結一心，並在整個專案存續期間，將他們當成一個群體來管理。想想你自己的專案經驗。你剛完成第三階段，這時候營運主管來找你，告訴你他有一個很棒的構想。你知道到這個時候才提出新構想已經太遲，而且這個構想最起碼將會對專案造成生產力降低的影響。圖4-1利害關係人方格顯示，這位利害關係人具有高度影響力，此時你必須設法處理這項異議。請勿成為抱怨者，而應該成為說服者。你要運用邏輯與資料協助你處理這件事，以及利害關係人的所有異議。管理利害關係人異議時，我經常採用以下的四步驟流程：

▶ **第1步**。採取行動之前，要先釐清你的利害關係人的立場。首先要確定你了解他的顧慮。

▶ **第2步**。描述實施這個新構想將會對專案造成何種影響。這種構想經常是利害關係人靈光乍現時所產生，而且能立刻向外擴散。

▶ **第3步**。若你的利害關係人對於新構想可產生的效益堅信不移，那麼這個新構想可能具有說服力。專案經理應提供每個構想的優缺點分析。

▶**第4步**。以協商方式進行溝通。當我們執行專案時，事實上我們每天都在協商。與利害關係人協商是專案生活的一項事實。最理想的狀況是，所有協商都在規畫階段的初期進行，而真相卻是協商在整個專案生命週期內都會發生。協商之前應該謹記以下這些原則：

● 做好應盡的努力，也就是要做規畫。

● 知道你的專案計畫能夠承受以及不能夠承受什麼變更。

● 在協商中，別忘了所需的資源／時間，來管理範疇潛變。

● 要創造雙贏。設法找出對利害關係人與專案都有意義的共識。

　　請記住，利害關係人都是基於某種理由而存在。你需要他們，而且他們也需要你能順利成功執行專案。要善用利害關係人的長處，並使他們造成的負面效應降至最低。請運用一般常識，並運用本章所提到的利害關係人管理工具。請確認對你和你的專案都有意義的那些工具，你將會發現，通往準時在預算範圍內完成專案的這條道路，變得更容易走。

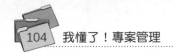

重點整理

◆ 利害關係人是指對於專案結果具有既得利害關係的任何人。

◆ 要確認利害關係人，可以詢問以下三個基本問題：(1)誰從專案得利？(2)誰對專案有貢獻？(3)誰會受到專案影響？

◆ 因為利害關係人是專案成功與否的關鍵，為了讓專案得以成功，專案經理必須讓他們參與或涉入專案。

◆ 企業組織的文化環境可能有細微差別，因此專案經理有必要投入心力衡量文化的動態關係，並推動有效的利害關係人互動。

◆ 專案經理應該投入時間與心力，和遠處的外部利害關係人進行一對一互動。

制訂專案的使命、願景及目標

第五章

Developing a Mission, Vision, Goals, and
Objectives for the Project

專案團隊進行任何工作以前，成員們應該花些時間，確保彼此對專案的目的都有共同的認知。用來定義專案目的的術語是「使命、願景及目標」。如果每個人理所當然地認為「專案的使命已經很清楚了，我們都知道要做什麼」，那麼專案很可能在這個非常早期的階段，就埋下了失敗的種子。

定義問題

每一個專案的目的都是要解決某個問題。不過人們大多傾向於跳過定義問題這個步驟，這是一個相當大的錯誤。你怎麼解決問題，端賴你如何定義問題，所以如何適當地定義問題，是非常重要的。但是有太多的例子，反而是根據解決方案來定義問題。譬如有個人說：「我有個問題。我的車子壞了，所以沒辦法上班，但要怎麼把車子送修呢？因為我已經沒錢修車了。」

這個問題實質上已經被定義成：「我怎麼樣才能把車子送修？」不過從最基本的層面來看，真正的問題應該是他沒辦法上班這件事才對。他可以搭公車嗎？搭同事的車呢？還是可以騎腳踏車？總要先設法撐到有錢修車的時候呀！沒錢修車固然是個問題，但最重要的是能分辨出基本或核心問題，以及另一個層面的問題才行。

　　我曾經聽到一名業務經理，痛罵屬下的一位業務代表說：「這是公司砸了多少錢才開發出來的新產品，結果你們居然沒有一個人能賣得出去。你再賣不出去，我就找會賣的人來賣！」

　　看到他如何定義這個問題了吧！那就是：他手下的業務代表沒有一個人能把新產品賣出去。對於他認為沒有任何一個手下能賣掉這項產品的說法，我並不同意。這有可能是產品問題、市場問題，或是對手的封殺策略奏效等原因，不太可能是遇到全宇宙最飯桶的一群業務代表，正好全集中在他麾下。

> **KEY POINT**
>
> 所謂的問題，是指你現在的處境和你想達到的處境，兩者之間的落差；這中間有障礙存在，使縮減落差並不容易辦到。

　　然而，這名業務經理把問題歸咎在人身上，所以他準備去解決人的問題，但就算他真的把業務代表全數撤換了，問題仍然還是一樣，因為他沒有找出問題真正的根源。

　　人們有時會將問題定義成目標，其實目標本身不應該是個問題，唯有朝向目標前進時有障礙產生，無法順利進行時，才叫做有問題。若用這個當作是問題的定義，我們可以說，解決問題牽涉到如何找出方法來處理障礙：是必須克服障礙、避開障礙、或是移除障礙呢？

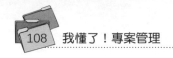

容易混淆的名詞

假設有個人告訴你，他的新工作要到很遠的城市去上班，所以打算搬過去住。因此，首要之務就是在那個城市找到住的地方。所以他說：「現在我有個問題，我需要找到一個地方住。」

你接著問他，他的使命是什麼？「找一個地方住呀！」他回答。

你再問他，他有沒有什麼願景？「就是有個住的地方吧！」他被你弄迷糊了。

也難怪他會困惑。他的答案根本都是一樣的。如果他要解決這個問題，就必須了解以上幾個名詞之間的不同。

請記住，每個問題都代表著一個落差。假設我們問他，如果他的問題解決了，會發生什麼狀況？他會回答道：「我在那個城市就有地方住了呀！」

「哦！那你現在的狀況呢？」你問。

「我現在在那裏沒地方住。」他回答。

於是，這個落差就是有地方住和沒地方住。更簡單一點的說法是：「我沒地方住。」沒錯，這就是他想要解決的問題。

不過，難道任何地方他都能住嗎？那也不盡然。城市裏高架橋底下雖然空位很多，他卻不想和流浪漢一起住。所以如果你問他：「你想找什麼樣的地方？」

接著他會告訴你：「我想找三房兩廳，空間不要太小，裝潢也不要太差。」這就是他對想住的地方期待的願景。這個願景是他腦中的一幅圖畫，當發現有地方接近這幅畫的時候，他就達到目的了。這就是願景的作用——用來定義「目的達到了！」

那他的使命呢？就是去找到一個符合願景的地方。換一個說法，專案的使命就是要達成願景。這麼做也解決了問題。你或許會想要畫出圖5-1，來表達清楚整個概念。在這

圖5-1　列出使命、願景和問題陳述的山形袖章

問題：我沒地方住		
不可或缺	**很想要有**	**有了更好**
·3房2廳 ·70坪 ·雙車位車庫 ·大間的起居室	·家庭辦公室 ·地下室	·壁爐

使命：找到一間房子，至少完全符合不可或缺條件；其他條件則符合越多越好。

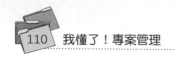

個圖中，他已將願景勾勒出來，分成三大部分：不可或缺的欄位是他堅持要有的基本配備，其他則是很想要有的條件，和一些有了更好、能夠錦上添花的項目。

現實世界

好的，現在我們已經知道使命、願景和問題之間的差別。不過在「現實世界」中，這些東西絕對不可能乖乖按照順序出現。你的老闆或專案贊助人，才不會向你詳細說明問題，他們只會說：「你的使命是……」。即使你有機會和贊助人討論一下他對專案結果的願景，那可能也只是很概括性的描述。所以專案團隊一開始，就得共同訂下大家都接受的願景、使命和問題陳述。

你可能會遭遇到一個重要的「政治性」問題：贊助人所交給你的使命，絕對是從他自己對於待解決之問題的定義所發展出來，但有時候他的定義根本是錯的。這時你就必須勇敢面對這種情況，否則你將會花掉公司大把的錢，結果只是發展出錯誤問題的正確解決方案。

專案真正的使命

我先前說專案的使命就是要達成願景，現在再補充一

點：你嘗試達成的願景必須是客戶心中的願景。這句話的另一種說法是，你要設法滿足客戶的需要。這才是專案主要的目標。你的動機是為公司牟取利潤，但使命卻是要滿足客戶需要，當然那表示你必須知道客戶的需要是什麼。有時候了解客戶的需要並不容易，因為即使客戶本身，有時也不見得很清楚自己真正的需要，所以你必須盡量把這些需要表達出來。最安全的做法是從專案的概念階段到完成階段，都保持讓客戶參與其中，表達意見。這樣做的好處是，你可以經常檢視所做的事，是否朝著想要達到的結果前進。

專案的使命可以用兩個問題的答案來表示：

1. 我們將要做些什麼？
2. 我們是為誰而做？

本書的前一版還建議另外一點：你也要陳述你要如何做才能滿足客戶需要。但是我後來決定，這應該不屬於使命宣言的一部分。使命宣言是定義你在「做什麼」；至於你接下來要「怎麼做」，那是屬於專案策略的部分，因此應該分開來處理。

訂定專案目標

一旦使命宣言訂定好，你就可以寫下專案目標了。請注

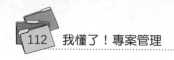

意，專案目標要比使命宣言更具體明確得多，同時也要定義出為了完成所有使命所必須達成的結果。另外，目標會定義想要的最終結果。

我可能想要在今天早上十點以前把這一章寫完──這是我想完成的目標。要達到這個目標，我必須同時進行一些工作，諸如敲鍵盤打字存入電腦裏、參考其他相關資料、打電話問同事澄清一些疑點，然後把本章內容印出來，校對後再將一些修正存入電腦裏等。

接下來的頭字語，應該可以幫助你記住，目標說明必須要包含的要點。我們必須訂定一個聰明（SMART）的目標，而SMART這個字的每個字母，都代表著一項條件：

Specific	明確的
Measurable	可以測量的
Attainable	可以做得到的
Realistic	實際的
Time-limited	有時限的

戴明博士（W. Edwards Deming）曾提過一些相當嚴肅的問題，來質疑量化目標的適當性。他認為沒必要替製造流程訂定必須達到的配額目標。他指出，在穩定的系統裏，根本就

不需要設定目標，因為系統產出多少你就會得到多少。如果你訂出來的目標超過系統的能耐，那便是個不可能達到的目標。

戴明博士提到的另一種情況是，假如系統不穩定（就統計學的意義來說）時，也無須先設定配額，因為你根本不知道系統的產能是多少。

在專案工作中，雖然我們可由以往的工作表現，看出某人的能力如何，但是你也要經過很多次觀察，才可能知道這個人可以做什麼，因為人們的績效表現，總是會有起有落。更何況用某人的產出，來做為其他人的配額目標，原本就不是很好的方法，而是應該根據這次要從事此項工作的人，設定有效的配額目標才對。

我們都知道，某些人的能力超越其他人，所以要訂出一個通盤可達成的目標，本來就是非常困難的事。關於這點，我將在第7章討論時間估計的時候，再進一步做說明。

下面所列的兩個問題，可以幫助你訂出目標及監控達成這些目標的進展。

1. **我們想要的成果是什麼？**亦即所謂的成果框架（outcome frame），它能夠幫助你把焦點集中於所要達成的結果，而不是集中在為達成結果所需耗費的心力。

KEY POINT

目標（objective）明確說明想要達到的最終結果；任務（task）是為達到那個結果所從事的活動。目標通常是個名詞，而任務則是個動詞。

2. **我們如何知道何時已達成目標？** 我把這個叫做證據問題（evidence question）；這個問題在為無法量化的目標訂定完成標準時非常有用處。

以下是目標的兩個例子：

▶ 我們的目標是要在 2016 年 6 月 5 日前，在當地電視台播放一個一分鐘的商業廣告，為 WXYZ 募款。

▶ 我們的目標是到 2016 年 9 月 18 日為止，能從當地電視台觀眾群募集到六十萬美元的資金。

目標的本質

請注意在這些例子中，並未提及如何達成目標。我認為一份目標說明，只要告訴我們所要達成的結果是什麼就夠了。至於如何達到，那是屬於問題解決（problem solving）的部分，我傾向於把這部分開放給大家腦力激盪，來產生結果。假如連解決方法都寫在目標說明中，很可能會把團隊原本可以發展出專案真正最佳解決方案的機會給抹煞掉了。

評估專案風險

專案目標確立後，你可以著手規畫如何達成目標的計

畫。不幸的是，最好的計畫有時候並不會成功。管理專案一個比較穩妥的步驟，是事先推測專案進行時可能拖垮專案的風險為何。評估專案的風險，可以針對關鍵性的目標，也可以針對專案計畫的其他部分。

分析風險最簡單的方法，就是問個問題：「有可能出什麼錯？」或是「有什麼會阻礙我們達成目標？」通常最好先把每一個可能的風險列出來，再想想看應付不同風險的應變措施為何。看出風險的一個辦法是，將活動掛圖的一頁分割成兩半，讓整個小組腦力激盪，將可能發生的風險逐一寫在該頁的左邊，接著針對每一項風險，提出應變措

> ──KEY POINT──
> 從以下幾方面評估
> 失敗的風險，蠻有
> 幫助的：
> ▶時程表
> ▶預算
> ▶專案品質
> ▶客戶滿意度

施。應變措施（contingency）是指風險如果真的突然出現，你能用來管理風險的具體作為。圖5-2是某攝影專案的風險分析範例。

圖5-2　風險分析範例

有可能出什麼錯？	應變措施
• 曝光不準	• 以腳架固定
• 客戶不滿意作品	• 多拍幾張照片做備份
• 底片遺失或損壞	• 專人送交客戶
• 天氣不佳，延誤攝影時間	• 准許追加時間補拍

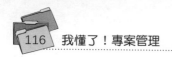

　　以這種方式進行風險分析，可以幫助你規避一些風險。即使無法規避，至少也能夠建立備用計畫。意想不到的風險可能使專案陷入混亂狀態。

　　前面已經提過這一點，不過現在我還是要重複一次：你不必試圖把每一個可能發生的風險都指出來，只要找出最有可能發生的幾個風險就好。這個觀念也必須和團隊成員溝通，尤其是那些有過度分析傾向，或是可能容易往負面思考的成員。除此之外，風險分析具有非常正面的意義，當你問大家：「假如真的發生這種事，我們該怎麼辦？」你絕對不希望有人回答：「哇！好可怕呀！那大家就只能等死囉？」

　　我在第6章會詳細介紹，在專案環境中進行風險管理的工具與技巧。

重點整理

◆ 你怎麼解決問題，端賴你如何定義問題。

◆ 所謂的問題，是指你現在的處境和你想達到的處境，兩者
之間的落差；這中間有障礙存在，使目標難以達成。目標
本身不是問題，邁向目標途中所遇到的障礙才是問題。

◆ 願景就是最後結果看起來的「樣貌」，願景使「完成」變
得明確。

◆ 使命就是要完成願景。使命回答下面兩個問題：「我們將
要做些什麼？」「我們是為誰而做？」

◆ 目標應該要聰明（SMART）。

◆ 你可以藉由提問「有可能出什麼錯？」來找出風險。

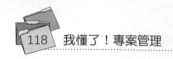

問題與練習

挑選一個你即將進行，或是剛開始不久的專案，盡可能回答以下問題。如果你需要找其他人一起回答問題也可以。請記住，必須一起施行計畫的人，應該一起擬定計畫。

▶ 本專案要達成什麼結果？它能滿足客戶什麼需要？專案完成後，誰會真正使用到這項專案的成果？（換句話說，你真正的客戶是誰？）你交付給客戶的成果，和客戶現在所用的，兩者的差異為何？

▶ 以你上一題的答案為基準，寫出一段問題陳述。你現在的處境，和你想要達到的處境，其間的落差為何？阻礙你消弭落差的障礙為何？

▶ 寫出使命宣言，並回答下面兩個基本問題：

　1.「我們將要做些什麼？」

　2.「我們是為誰而做？」

就以上問題和你的客戶討論，但是不要把文字說明拿給客戶看。用開放式問答的方式，看看你寫下的是否與客戶回答的一致。如果不一致，你可能必須修改已經寫好的各項說明。

擬定專案風險與溝通計畫書

第六章

Creating the Project Risk and Communication Plan

如第1章所提到，風險管理是辨認、分析與回應專案風險的系統化流程。此處**系統化**是關鍵字，因為很多專案經理都嘗試非正式地處理風險，事先規畫不是極少就是完全沒有。以這種方式運作的任何專案經理，其結局如果沒有招致災難，最起碼也會招致失敗。這些用語雖然較激烈一些，但是對一個重要的主題來說卻是恰當的。專案進行時，有太多事情可能出差錯，也必定會出差錯，而一份正式、完善的專案風險計畫書，可以使專案經理採取主動。若沒有這份計畫書，當事情出差錯時，專案經理就會迫於形勢採取被動管理。我們可以輕而易舉地說，那是代價最昂貴的方法。擬定計畫書時，系統化的流程可增添紀律和效率。我們在第5章結束時有提到風險評估過程的概要說明。本章我們會提出管理專案風險的綜合性方法。

——KEY POINT——
專案進行時，有太多事情可能出差錯，也必定會出差錯，而一份正式、完善的專案風險計畫書，可以使專案經理變得主動。

定義專案風險管理

專案風險管理要從專案生命週期的早期就開始。大家必須清楚了解專案所面臨的風險。專案風險幾乎有無限多個來源，因此極度需要一份深思熟慮的詳細計畫書。風險的典型範例包括失去一位關鍵性團隊成員、天氣突發狀況、技術不

足、以及糟糕的供應商等。

　　因為未知因素太多，並且自認為知道得不夠多，很多專案經理拖了太久時間才去評估風險因素，而且耽擱風險管理計畫的訂定，這是你應該避免的一個常見陷阱。你也應該在專案生命週期起始的階段，就對風險進行概略性的初步評估。對於「可能出什麼差錯？」這個問題，你和你的團隊成員應該採取某種策略性方法，並開始為後續的詳細計畫打下基礎。若沒有這個基礎，專案經常會讓那些風險成真，因而造成負面影響——而只要透過應變措施規畫，那些風險都能加以預防或減輕其影響。拖太久才去評估風險是一種被動的（reactive）行為，但是要成為成功的專案經理，你必須生活在主動的（proactive）世界中。我們有時候將潛在的機會稱作正面的風險，而專案經理要努力，使這些機會對專案目標所帶來的正面影響達到最大。

　　如同先前所提到的，專案風險管理是「PMBOK®指南」的十大知識領域之一。「PMBOK®指南」對於專案風險管理的敘述是：「對專案進行風險管理規畫、確認、分析、回應規畫，以及監視和控制風險的流程。」（PMBOK, 555）按照定義來說，流程（process）應該是只有極少或根本沒有變異的一種受控制的正式工作。流程當中如果有

KEY POINT
專案風險管理是「進行風險管理規畫、確認、分析、回應規畫，以及監視和控制專案的過程。」

變異，經常就等同於無效率。用一個大家都認同的流程去訂定風險管理計畫書，對專案經理在正式管理風險時相當重要，但是面對典型專案環境的真實面與種種變數，容許一定的彈性是必要的。視專案的種類與時間長度、範疇寬度、深度、以及廣度不同，隨著管理風險的經驗增加，你將會培養出該容許多少彈性的一種直覺感覺。

六步驟流程

六步驟流程是擬定專案風險計畫書常見的一種實際可行方法。這個流程不應該憑空產生，而且通常需要專案團隊成員從事很多的研究及共同合作。

第1步：製作風險清單

這需要大家一起腦力激盪。不應該將製作專案潛在風險清單當作一項分析，而是要當作一場正式的腦力激盪會議，並在會議中記錄下所有的構想。流程的第2步與第3步容許進一步審查這些構想，重要的是整個團隊都要參與威脅的確認，並將可能出差錯的事突顯出來。有些專案經理所犯的錯誤是，試圖自行獨力完成這項工作，好讓團隊成員去完成其他任務，這是一種既短視又糟糕的想法。在這個流程的

KEY POINT
第1步：製作風險清單

最初步驟,大家必須協同合作,而且嫻熟所負責之專案工作部分的人,都要參與這項製作清單工作。要善用你的團隊的智慧資產。若遺漏掉部分成員,那就有可能無法確認某些風險,並對專案的成功造成威脅。請記住,務必要讓專案團隊每一位成員都參與——即使對於確認潛在軟體開發問題毫無幫助的一位採購專員,也應該要參與。

當你和非正式團隊一同合作時,那就需要展現訓練有素的作為,並且了解到要往下繼續進行之前,有必要進行一定程度的研究。這可能包括電話訪談、電子郵件、辦公室拜訪、或視訊會議,請用盡各種辦法,來得到你所需要的資訊。通常你要從非正式的專案團隊成員或對專案有貢獻者開始,展開一段關於可能會出什麼差錯的對話。這些討論通常能找出其他應該接觸的有助於確認風險的人。在這些情況下,功能部門主管可能非常有幫助,他們不是直接提供協助,就是能確認他們的部門中能夠提供協助的其他人。

無論何種情形,你都應該採取一種全面性的方法來建立風險清單,因為我們需要確認所有類型的風險,而且也要對付這些風險。

第2步與第3步:判定風險發生的機率和負面衝擊

我將第2步與第3步結合在一起,因為這兩個步驟都是排優先順序的因素。它們可協助你審查風險清單。這兩個步

KEY POINT
第2步與第3步：
判定風險發生機率
和負面衝擊

驟容許你按優先順序排序專案所有已確認的威脅，並協助你決定，為了預防或減輕每種風險，應該投入多少時間、心力、人員和資金。同樣地，我們不可以憑空產生這些優先順序，而是要加入團隊成員和主題專家（subject matter experts; SME）全部的意見。

每項風險變成事實的可能性有多高？審查專案風險時需要問這個問題，並且要獲得解答。運用「高—中—低」（High-Medium-Low; HML）三個等級來為你腦力激盪出來的風險清單做分類，通常就足夠了。若認為風險極有可能發生，則會得到「高」的評等；若發生的機率中等，則得到「中」的評等；若發生的機率相當低，則得到「低」的評等。這些評等不應該任意套用，而是應該強調這需要團隊協同合作一起決定風險評等，或是由專案經理對風險進行研究與分析。

若風險變成事實，對專案造成的損害有多嚴重？這是審查專案風險時需要問的第二個問題，而且也要獲得解答。評定任何風險的負面影響時，專案的每一方面都應該考慮到。若風險變成事實，那會如何影響預算、時程、資源利用率、工作範疇等等？第2步與第3步的產出是一份潛在風險清單，每項風險都有對應的值表示發生的機率與負面影響：

風險	發生機率	負面影響
A	M	L
B	M	M
C	L	L
D	H	H

　　從表中風險 A 一直到 D 的評等可看出，顯然你應該將大部分心力集中於減輕風險 D 的影響，而不必耗費太多心思去關注風險 C。請記住，你可能會出差錯（不幸地，當我還是年輕的專案經理時，我需要有人提醒我這一點）。你將某個風險的機率和衝擊都評等為「低」，並不保證事實必定如此，所以還是要將這個誤判的風險擺在你的監視雷達螢幕上。

　　對於喜歡用數字衡量的人來說，應用簡單的數字等級就可以。在評定機率和影響時，你可以指定一個值給每一項風險。機率等級可用範圍 1 到 10 的數字表示，其中 1 表示很不可能，而 10 表示非常可能。負面影響可用同樣的等級表示，或以對預算的影響來表示：

風險	機率		$影響		總計
A	3	×	1K	=	3K
B	7	×	1K	=	7K
C	2	×	14K	=	28K
D	5	×	3K	=	15K

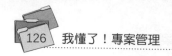

根據這項分析，因為風險C其相對的值為28K，這個專案團隊最需要注意風險C。此處值得一提的是，同樣的方法也可以用於時程影響或甚至資源利用率上。

第4步：預防或減輕風險

有些風險可以事先預防，但其他風險只能減輕其影響。例如，地震或一位重要利害關係人退休，都不可能事先預防。有些風險能預防，而且應該在第4步中預防。若某項風險已確認，而且你有能力預防其發生，那麼請這樣做。主動積極是專案經理最好的朋友。在風險有機會壯大和滋長之前先加以扼殺，那麼你就不必再次應付它。

例如，若你的專案鎖定一家供應商，而你的一位團隊成員先前有和這家公司打過交道，但是對該公司印象不佳，他可能會告訴你，這家供應商的原料交貨習慣性延遲，而且經常遭到退貨。假設該供應商不是唯一的供應來源，你可經由找出更可靠的另一家供應商，來預防交貨延遲的風險。

對於不可能預防的那些風險，專案經理應該嘗試降低或減少風險發生的機率，或萬一風險發生時減輕所造成的影響。以不可靠的供應商為例，若你必須向那家公司採購，你可以訂定具體的步驟主動加速原料的交貨，藉此減輕延遲交

貨這個風險的影響。若管理階層威脅要降低你的專案的優先順序，你可以代表你的專案向管理階層遊說，以減少這個風險發生的機會。

第5步：考慮應變措施

預防措施（preventive measure）是指風險變成事實之前所採取的那些步驟。應變措施（contingency）代表若風險發生，專案團隊將會採取的特定行動。在此，你要回答「若風險變成事實，我們將會做什麼？」這個問題。

——KEY POINT——
第5步：考慮應變措施

例如，若已確認供應商產品之驗收測試，其風險為中至高，而且發生檢驗失敗，適當的應變措施可能是要求供應商承諾提供工程支援。另一個應變措施可能是，若事先決定好的另一家供應商有這產品的現貨，則轉而向那家供應商購買。

應變措施和第2步與第3步所提到的優先順序因素有直接關聯。若風險的優先順序高（高發生機率、高負面影響），你會想找出多個應變措施。因為有極大的機會風險會發生，而且當風險真的發生時就會對專案造成傷害，你會想要避免遭受損失。若風險落在優先順序等級的中間範圍，你至少應該準備一項應變措施。那些落在較低等級的風險應該不需要耗費太多注意力，最好將你的心力投注在其他地方。擬定應變

措施時，請小心發生機率非常低但影響非常大的風險。由於
發生機率低，這些風險傾向於完全被忽略，但是這些風險可
能造成專案失敗，而且有時候真的是如此。

第6步：確定觸動點

　　觸動點經常是專案風險計畫書最重要的要件。觸動點
（trigger point）和應變措施之間有直接關係。觸動點是風險變
得夠真實，促使專案經理需要觸動應變措施
的那個時間點。決定觸動點是一種主觀判
斷，用意是要在最佳時機點執行事先決定好
的應變措施，使其價值達到最大。觸動得太
快，你可能太早就去花費時間、心力或資
金。觸動得太慢，你可能最後還是會遭受風險所造成的全面
影響，使執行應變措施所帶來的附加價值極少。讓我們重新
回到先前的範例。

KEY POINT
第6步：確定觸動
點

　　若是平常相當可靠的供應商碰到勞工問題，而且因為罷
工而停工，可能你的應變措施計畫書已認定B與C供應商為
替代供應商。兩家供應商都有該產品現貨，而且開出兩週準
備與交貨的前置時間。若必須交貨的日期為2月15日，你的
觸動點應該包括兩週的前置時間，加上幾天的緩衝時間。此
處適當的觸動點會是1月31日。若應變措施會影響要徑
（critical path）上的任務（請參閱第8章），則應該考慮更多天的

緩衝時間。

　　觸動點應該是個特定的時點或明確的時間範圍。多數專案經理認為觸動點是專案風險計畫書最難處理的部分，但是卻非常值得耗費心力去決定觸動點。當我擔任顧問時，我時常碰到由於未擬定應變措施，或者觸動點不恰當，而使得一份完善的計畫書白白浪費了。實務上若觸動點決定得宜，專案經理將可改善整個專案計畫的成效。

建立風險儲備

　　若你知道你沒有時間或方法採取適當的行動，那麼即使是最完善的風險計畫書，其效果也會大打折扣。建立風險儲備將可使你的風險計畫書的潛力發揮到極致。若沒有時間和預算容許有效的實施，即使是最周延的計畫書也發揮不了作用。因此，你需要建立應變儲備和管理儲備。

　　應變儲備（contingency reserve）是針對你已確認並主動接受的專案風險，所指定的時間量及／或預算金額。預留這些風險儲備的目的，就是要涵蓋專案已知的風險。應變儲備和先前討論的六步驟流程（或類似方法）之間有直接關係。一旦這些過程完成了，你就應該估計必要的風險儲備，以涵

> ── KEY POINT ──
> 若你知道你沒有時間或方法採取適當的行動，那麼即使是最完善的風險計畫書，其效果也會大打折扣。

蓋已確認並接受的風險。

　　例如，若你的專案團隊已經把因退休而失去一位關鍵團隊成員，確定為一個高優先順序的風險（機率和影響），應變措施在行動上將會要求從企業組織外部雇用一位替代者。另外，我們也必須估計雇用過程和新團隊成員融入團隊的成本與時程影響，並在應變儲備中加入這些影響。

　　管理儲備（management reserve）是指針對無法預測的專案風險，而在你的計畫書中所納入的指定時間量及／或預算金額。有時候你不知道自己有哪些不知道的風險。預留管理儲備的目的，就是要涵蓋專案未知的風險。例如，若目前的專案牽涉到極高比重的研發，而且運用實際數據（歷史資料）分析過去類似的專案指出，這類專案的平均預算超支為10%，但這10%卻無法歸咎於任何特定的風險事件。即便如此，這項結果應該視為整體專案預算有增加10%的需要，以當作管理儲備。

管理多專案風險

　　很多專案經理都發現，自己不只帶領一個專案。管理多個專案的專案經理所遭遇到的獨特議題，通常是管理單一專案時不會碰到的。在多專案世界中，很多專案部分重疊，或者與其他專案有直接相互依存關係，這種依存關係類似典型

網路圖的依存關係（請參閱第8章與第9章）。

　　此處需要有兩種觀點。首先，你必須聚焦於個別專案，以及和每項專案相關聯的風險。其次，你必須評估整個專案組合，並判定這些專案之間關係的本質。你的專案組合（portfolio）是在你的權限管轄之下，所有專案的總和。這些專案之間的關係，可能各不相同。

　　專案群（program）通常牽涉到多個專案，要共同去完成單一交付標的。這些專案必須全部朝向這個目標並適當地加以整合。在專案組合的環境中，你必須就任一專案工作來確認，所有專案在何處同時發生，或產生部分重疊。接著你要判定專案所「觸及」到的那些領域，有可能出什麼差錯。

　　在專案關係通常定義得更加明確的專案群環境中，也是同樣這樣做。例如，田徑運動包括接力比賽項目，四位跑者必須將一根短棒從一位跑者交給另一位跑者。跑得最快的團隊未必贏得勝利，因為短棒可能沒有順利交接給下一位跑者，或甚至可能掉到地

KEY POINT
專案群通常牽涉到多個專案，要共同去完成單一交付標的。

上。在專案群世界中，很多專案可能有直接的「前者—後者」關係（一個專案必須在下一個專案開始之前完成）。為了促進從一個專案順利轉換到下一個專案，你必須把心力集中於這種「短棒」接力。多專案的風險計畫書就是要把注意力集中在這些事件上。

協調點

　　無論何種情形，我們將多個專案彼此接觸到的領域稱作
協調點（coordination point）。你需要先確認這些協調點，之後
才能訂定標準的多專案風險計畫書。在此要強調一點：六步
驟流程必須特別注意這些協調點。在實務上，你要先專注於
分別替每個專案產生風險計畫書，然後將注意力重新回到協
調點，再執行同樣的過程，藉此管理專案之間的風險。專案
組合或專案群風險計畫書的用意，是要在多專案環境中補足
與強化個別的風險計畫書。

風險矩陣

　　當橫跨多個專案管理許多風險時，標準風險矩陣是一種
有用的工具，如圖6-1所示。風險矩陣將協助你依據機率與
負面影響，在各象限中繪製風險。

　　一旦在風險矩陣上點出威脅所在位置，就可應用「高—
中—低」優先順序，將優先順序最高的風險擺在靠右上角
處，並將優先順序較低的風險擺在靠左下角處。然後你可以
在決定每個專案的風險時，加上個別風險的顏色代碼。在專
案組合或專案群管理世界的迷霧中，這樣做已證實是一種非
常有效的風險區別方法。

圖 6-1 風險矩陣

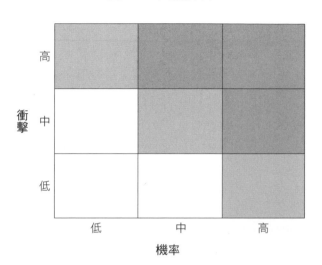

風險登錄表

如圖 6-2 所顯示，在管理對專案已接受的風險所採取的
行動方面，風險登錄表（risk register）是一種有用的工具。

圖 6-2 風險登錄表

識別碼	風險	結果／回應	負責人	P	I	作用與否

P = 機率　　　　　I = 影響

資料來源：The American Management Association seminar. "Improving Your Project Management Skills: The Basics for Success."

　　風險登錄表是專案風險計畫書的最後一項要件。這張表是一種生動又具高效率的工具，可隨著你的專案歷經生命週期不同階段而變成熟時，協助你追蹤風險狀態。風險登錄表也協助你確認，應變措施實施時的責任歸屬、所採取之行動的結果、以及作用中與不起作用的風險。

　　若沒有進行完善的風險分析，你和你的團隊就等於生活在被動反應的世界中，使整個專案生命週期都在不停地滅火。就時間、心力與資金來看，很容易就看出這是一種代價最昂貴的運作方式，而且也危及任何專案的成功機會。你必須在你的整體專案計畫書中加入這個關鍵要件，從早期就開始投資自己。

溝通計畫書

　　我主持專案管理研討會時，都會要求參與者要能看出，他們在管理專案時會遭遇到的挑戰。溝通或缺乏溝通，是到目前為止最常被強調的挑戰。大多數專案經理都了解，有效溝通對於專案成功有多麼重要，這是一件好事。但是同樣令人感到挫折的是，據我觀察，有採取具體步驟去改善溝通效果的專案經理，實在少得可憐。

　　讓我們從電子郵件開始談起。是的，我們還是有會議要參加、還要打電話給利害關係人、或是親自拜訪團隊成員，

但是電子郵件主導了今天大多數的專案溝通。我們大多數人都目睹了電子郵件的演進。電子郵件已經存在許久，它讓我們即時與全世界（或隔壁部門的人）互動變得更便利。電子郵件讓我們能夠將回應排優先順序，並且在必要時建立彼此信件往來之郵件串（thread）或郵件線索。這些都是好東西，但是我觀察到我們並沒有充分掌握科技，並將科技的潛力發揮到極致。

你有沒有收過那種彷彿有無限多段落的長達五頁的電子郵件？有些電子郵件就像一本小說，這種郵件應該較適合寄給自己的親人。相反地，充滿刪節號（…）的電子郵件，可能使收信者心中疑惑是否還有什麼事沒有提到。我將這種情況稱作溝通的蠻荒西部（Wild West）情境，完全沒有規則、法律、或指導原則。這會使得專案的電子郵件溝通完全憑著一時的情緒與風格。這聽起來彷彿溝通內容係臨時湊成，然而在受到範疇、時程與預算限制的專案環境中，這種溝通方式根本行不通。

專案經理應該訂定電子郵件的寄送原則。要抱持主動積極態度，決定誰要與誰溝通，以及何時進行溝通。要確認哪些電子郵件應該寄給哪一類利害關係人，並建立電子郵件副本轉送的指導原則。我相信不少人應該都有類似經驗：快快樂樂度假回來，一檢查電子郵件信箱，就發現要處理500封經由副本轉送寄送給你的電子郵件，其中大部分郵件都與你

或你的專案工作毫無關聯。要處理這些電子郵件不僅既單調
又辛苦，而且也真是浪費時間。專案經理擬定電子郵件寄送
原則時，一定要與專案團隊成員接觸，並召集他們一起討論
以建立共識，如此一來你將能改進溝通效率，並讓團隊成員
欣然接受這些寄送原則。

　　以下是專案經理與團隊使用電子郵件時的一些要訣：

▶電子郵件只寄送給需要知道的人。

▶傳送電子郵件之前要先校對郵件內容，並使用拼字檢
查功能。

▶利用主題為你的內容定調。

▶訂定電子郵件寄送原則，並使用這個原則。

▶若你當下有生氣的情緒，那就先停住，過一會兒再傳
送電子郵件。

▶電子郵件應該簡明扼要，不要像寫小說那樣長篇大
論。

▶儘管郵件內容應該簡明扼要，但也要納入所有必要資
訊。

▶不要為了避免與人接觸而使用電子郵件。

▶若涉及敏感資訊，那就要考慮採用面對面開會討論。

　　專案溝通計畫書應該包括電子郵件寄送原則，但不止於
此。你要規畫好，當專案進入成熟階段時，應該如何有效溝

通。如同看待工作分解結構或專案章程那樣，你應該以正式的態度看待溝通行為。專案經理在處處受限又要求甚多的環境中做事，儘管已經做得夠好，卻還是經常被認為不夠好。專案經理與團隊成員必須事先決定，當他們經歷專案生命週期的每一階段時，應該如何與利害關係人互動，使效率達到最高。

擬定專案溝通計畫時，以下是你應該詢問並回答的一些問題：

▶ 你想要溝通什麼內容？

▶ 何時必須完成溝通（年底或其他時間）？

▶ 如何達成溝通（電子郵件、有原始簽名的正式信件、會議）？

▶ 溝通必須多常發生？

▶ 誰負責溝通事宜（以確保溝通會發生）？

▶ 要對誰做溝通？

這些問題回答完後，你就可以著手擬定你的溝通計畫書（請參閱圖6-3之溝通計畫書範本）。

圖6-3　溝通計畫書

識別碼	描述	負責人	媒介	頻率	對象
1	管理狀態報告	Nicolle	會議	每月	贊助者
2	團隊成員狀態收集	Kyle	一對一	每兩週	專案經理
3	詳細的專案計畫書	Sue	檔案分享磁碟機	經請求	請求者

　　我觀察自己認識的一些最佳專案經理，他們既聰明又努力工作，也是軟體奇才，但因為他們未能正式規畫與執行專案溝通，以至於最後他們未必會成功。他們並未擬定這份溝通計畫書。請確定你有這樣做！

重點整理

◆ 專案風險管理應該從專案進行過程的早期就開始，並在整個生命週期當中一直持續。成功應付風險的關鍵包括：

1. 要從專案早期就開始應付，並打好風險管理的基礎。

2. 要主動應付風險，而不要採取被動態度。

3. 運用一個流程來正式管理風險。

4. 要保持彈性。

◆ 訂定專案風險計畫書的六步驟流程包括：

第1步：製作潛在風險清單

第2步：判定風險發生機率

第3步：判定風險造成的負面影響

第4步：預防或減輕風險

第5步：考慮應變措施

第6步：確定啟動應變措施的觸動點

◆ 建立應變儲備與管理儲備，使你能將專案風險計畫書的潛力發揮到極致。

◆ 在多專案風險的環境中，必須確認及分析協調點。

◆ 橫跨多個專案管理很多風險時，標準風險矩陣是一種有用的工具。

◆ 整理對專案的威脅並將威脅排列順序時，風險登錄表可能是一種有效的工具。

◆ 要擬定電子郵件寄送原則。為了讓他們能欣然接受，擬定
  原則時要讓專案團隊成員參與。

◆ 要擬定專案溝通計畫書，這份計畫書和任何其他專案流程
  同樣重要。

問題與練習

從你目前或最近的專案當中挑選一個專案，並實施六步驟流程。製作一份專案潛在風險清單，並運用「高一中一低」或簡單的數字等級，來排列每種風險的優先順序。請任意挑選三個風險並訂定：

▶ 預防措施
▶ 應變措施
▶ 觸動點

以上各個部分各列出兩到三項，應該就已足夠。

運用工作分解結構來規畫專案

第七章

Using the Work Breakdown Structure to Plan a Project

我在前面有一章曾經說過，專案規畫就是要回答「必須完成什麼？」「需耗時多久？」和「要花多少錢？」這些問題。規畫那些「必須完成的工作」，是規畫工作極為重要的部分。專案經常失敗，是因為有相當多部分的工作被忽略了。此外，當任務確定後，就必須決定時間和資源需求，這稱作估計（estimating）。

專案規畫中的一大重點，是要決定任務需要花多少時間，還有要花多少錢。估計錯誤是導致專案失敗的一項主要原因。同時，錯估成本目標也是使專案管理遭受到壓力和責難的普遍原因。

「工作分解結構」（work breakdown structure；簡稱WBS）是完成所有上述工作最有用的利器。WBS背後的概念相當簡單：將一項複雜的任務，不斷細分到不能再細分為止。相較於在較高層級進行估計，細分之後會更容易估計，當付諸實行時，每項小任務需耗費多少時間和成本。

然而，對於從未從事過的活動，若要估計其任務期程（duration），就不是簡單的事了。經驗告訴我們，尤其當進行硬體和軟體設計開發的專案時，估計錯誤更是在所難免。雖然如此，在估計知識性任務時，工作分解結構依舊比其他工具來得更容易。

一個簡單範例

舉個例子做說明，假如我想整理房間（如圖7-1所示），大概會從收拾東西開始。先把滿地的衣服、玩具和其他雜七雜八的東西收拾乾淨。接著我會用吸塵器吸地毯將灰塵吸走，再來洗窗戶和擦牆壁，最後把傢俱上的灰塵擦乾淨。以上所列舉的活動，全部都是整理房間的子任務（subtask）。

再談到用吸塵器清理房間，我可能必須先把吸塵器從櫥子裏拿出來，把吸嘴接好、插電，推著吸塵器在房間裏到處走動，再把集塵袋裏的灰塵倒乾淨，最後把吸塵器歸回原位。以上所列是完成「用吸塵器吸地毯」這項子任務更細分的任務。圖7-1即是運用工作分解結構圖，將這些任務描述出來。

圖7-1　整理房間的WBS圖

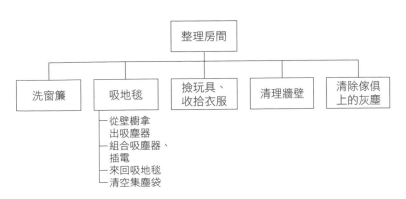

　　要注意的是，在製作工作分解結構圖時，我們不用擔心工作執行的先後次序問題。我們會在規畫時程表時才排定次序。但是你可能會發現，自己以照著次序的方式思考，沒關係，這是人類的天性使然。製作工作分解結構圖的主要用意，是要捕捉所有需要進行的任務。所以不必太擔心自己或是其他成員是否依序思考任務程序。有一點倒是要小心的是，不要讓次序問題成為製作工作分解結構圖的阻礙，否則你的任務確認過程將因此放慢下來。

　　通常工作分解結構會細分到三至六層，圖 7-2 將每一層都取名稱。當然有些專案需要再細分成更多層。對規模很大的專案來說，細分二十層大概已經是上限了。請注意，圖中最上面一層叫作專案群（program），它比專案還高一層。專案群與專案之間的差別，只是規模大小不同而已。

　　在此用飛機研發當作例子，來說明專案群。圖 7-3 為專案群的部分工作分解結構圖。請注意，引擎、機翼和航空電子設備，都是大到本身就可以成為一個專案。事實上，整個專案群負責人的工作，就是要確保能正確整合所有專案：引擎要掛在機翼下方，所以在引擎研發結構圖的某一處，需要有稱作「設計機翼嵌裝」的活動；相對地，在機翼研發部分，也要有稱作「設計引擎懸掛」的活動。這兩個部分如果

圖7-2　WBS各層名稱示意圖

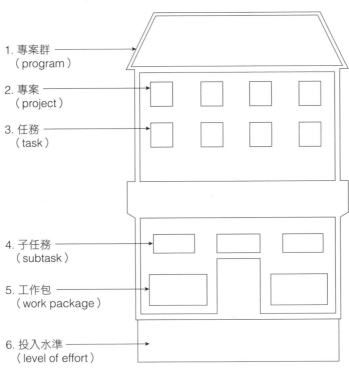

1. 專案群
（program）

2. 專案
（project）

3. 任務
（task）

4. 子任務
（subtask）

5. 工作包
（work package）

6. 投入水準
（level of effort）

圖7-3　設計飛機的部分WBS圖

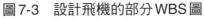
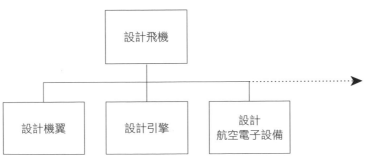

設計飛機

設計機翼

設計引擎

設計
航空電子設備

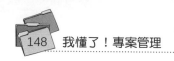

沒有經過適當協調，到頭來就會看到引擎並非「吊」在機翼下方，而是「掉」在機翼下方。這種協調工作稱為系統整合（system integration）。

製作工作分解結構（WBS）的指導原則

建構工作分解結構時，有一個很重要的問題，就是「工作要分解到什麼程度才能停止？」一般指導原則是，要把工作細分到你可以精確估算細項作業的時間和成本，或是工作所耗費的時間單位小到等於排進度的時間單位為止。舉例來說，如果你想要排的是每日進度，那麼就要把工作細分到約略一天能夠完成的地步；如果你要排的是每小時時程，同樣地，就要把任務細分到以小時計算的範圍。

> **—— KEY POINT ——**
> 當你將工作細分到能以想達到的精確程度進行估計時，就可以停止進一步細分工作。

還記得前面說過的原則嗎？實際參與專案任務的人員一定要參與專案規畫，這項原則在此同樣適用。通常由一個核心小組確認工作分解結構最上層的部分，之後再由團隊其他成員接續下層更詳細的部分，最後再整合成為整個工作分解結構。

這裏有一個重點：工作分解結構應該在時程表排定之前完成。事實上，工作分解結構等於是把整個專案凝聚在一起

的工具，可以由專案經理用來做資源分配，估算時間和成本，並以方塊圖呈現工作範疇等。之後在追蹤專案進度時，也可從工作落在工作分解結構的哪一個特定方格中，而加以辨識出來。

KEY POINT
工作分解結構應該在時程表排定之前完成，但是不要試圖去確認活動的順序。

至少有一套稱作SuperProjectExpert™的套裝軟體，可以在你輸入時程資料後，馬上把工作分解結構列印出來。這個功能很酷，它可以用圖形把工作分解結構很生動地表達出來。不過在使用這類時程安排軟體之前，你得先製作一份草圖，理由很簡單：除非每一個人都先認同，所有任務項目均已列出，不然逕行先訂出時程表一定會出差錯。你無法確定用部分時程表所訂出來的要徑，會與完整時程表的要徑一模一樣。

有不少方法可以製作工作分解結構。理想情形是由上至下進行，從訂定良好的問題陳述和使命宣言，往下循序做出來。然而，正如先前所提過，不一定每個人都是用直線方式（linear）思考。或許有時候你會發現，先發展工作分解結構，有助於你更加了解工作。基於這個理由，我並不特別堅持，非要按照某種次序來製作工作分解結構不可，選擇你最順手的方法來做就好。

KEY POINT
工作分解結構不一定要對稱，也不必要求所有路徑都細分到同一層。

另外，不必要求工作分解結構一定要對

稱，亦即不必要求所有工作都一定要分解到第六層（或是其他某一層）。原則上，只要把工作分解到足夠精確估計時間和成本即可；某條路徑需要六層，但另一條路徑也許只要三層就夠了。

工作分解結構的用途

正如我先前所說過，工作分解結構可以讓我們很輕鬆地看出工作範疇。如果你告訴某人，專案所要花費的成本或時間的估計值之後，卻看到他一臉驚恐的表情，你就知道他把專案看得太簡單了。如果你可以把專案以工作分解結構的形式呈現的話，每個人就能很清楚知道，為什麼專案會有如此龐大的花費。事實上，我曾經見過專案規畫小組的成員，自己被複雜又龐大的工作分解結構嚇到了。想想看，連成員都很吃驚的話，外部人士所受到的震撼那就更不用提了。

> **KEY POINT**
> 工作分解結構是描繪專案範疇的一個好方法。

分派工作任務的責任，也是工作分解結構很重要的用途之一。有待執行的每項任務，都應該由特定的人來負責完成，因此除了工作分解結構外，還要製作稱為「責任職掌表」（Responsibility chart）的一張表單（請參考圖7-4），用來列出所有的任務分派。

圖7-4 責任職掌表

直線責任職掌表													
專案名稱：		發佈日：				頁數：	之						
專案經理：		修訂日：				修訂版次：		檔名： LRCFORM.61					
		專案負責人員											
任務描述													
代碼：1＝實際負責；2＝支援人員；3＝需被告知；空白＝未參與此任務													

估計時間、成本及資源

完成工作分解結構後，就可以開始估計整個專案要花多少時間了。問題是怎麼估計？假設我問你，把一副撲克牌充分洗牌後，按照四種花色，將同樣花色按照從小到大的數字順序排好，需要花多少時間？你會如何回答這個問題？

最直接的方法就是拿副牌來排幾次，你心裏大概就有個底了。不過要是你現在找不到撲克牌，那就只能用想像的，來告訴我答案。別人給我的答案從兩分鐘到十分鐘都有。從我所做的測驗得知，大多數成人的平均時間大概是三分鐘左右。

不過，如果是個四、五歲的小朋友，那可要花更長的時間了。因為小朋友對撲克牌的排列順序，可能不像大人那麼熟悉，甚至連數字都還不太會數呢！所以，從這裏我們得到一個非常重要的結論：當你要估計時間或成本時，你還必須把「誰來執行」這項任務的因素考慮進來，才有辦法做正確估計。其次，估計的基礎必須基於過去的歷史資料，或是合理的推敲模式上；其中又以歷史資料為佳。

一般來說，我們採用平均時間來規畫專案。也就是說，若成人平均花三分鐘排好一副牌，那我就用三分鐘當作估計值，估計執行專案所要花的時間。既然我使用的是平均值，

很自然地在實際操作上，有些任務花費的時間會超過預期，而有些則會低於預期。不過，從整體來看，這些任務所花費的時間，理當最終會達到平均數。

雖說理應如此，但是帕金森定律（Parkinson's Law）卻不認同這個觀念。英國學者帕金森（Cyril Northcote Parkinson）說：「工作量一定會擴增到用掉所有容許的時間為止。」意思是任務所花的時間，可能會超過預期，但是幾乎從來不會少於預期。其中一項原因是，當人們發現還有時間剩下時，他們會回頭修飾已完成的部分。另一項原因是，人們擔心這一次提早交出成果，下一次可能會被要求用更短的時間完成任務，或是因此丟給他們更多的工作量。

很重要的一點是，如果人們表現良好，超過設定的目標，結果卻是受到懲罰時，他們就不會再繼續努力表現了。我們同時也必須了解變異（variation）的存在，即使同一個人，連續好幾次排序撲克牌，每次所花的時間可能都不同。有時候只花兩分鐘，而別的時候要花四分鐘。如果計算出來排序的平均時間是三分鐘的話，我們大概可以預料其中有一半的次數比三分鐘更長，另外一半的次數則低於三分鐘，正好是

—— KEY POINT ——
帕金森定律：工作量一定會擴增到用掉所有容許的時間為止。

—— KEY POINT ——
我們不要因為人們表現良好，超過設定的目標，就交給他們太多工作，使他們因此受到懲罰。

三分鐘的機會其實非常小。

所有的專案任務其實也一樣。因為超過人力可控制的外在因素太多了，執行任務花費的時間都不盡相同。就像每一次洗牌後的結果都不相同，或許是正在洗牌的時候，周圍的聲音太大干擾到他導致他掉牌，也或許是他越來越累等等不同的變數所致。

你有辦法消弭其中的變異嗎？不可能。你可以減少其中的變異嗎？可以的。經由實際操作，不斷改進執行任務的流程，我們便能做得到。重點是變異永遠都存在，我們必須去確認並接受變異。

估計的風險

舉一個發生在我的學生凱倫身上的例子。有天下午大概一點鐘的時候，主管順道走到她的辦公室說：「我需要妳幫我估計個數字，我已經答應老總今天四點前告訴他結果。妳明白嗎？」

凱倫點了點頭，職業性地笑了一下。她的主管接著又解釋一句：「我只需要一個大約的數字就好。」話才說完，下一秒鐘老闆就不見了。

這麼短的時間就要準備好？凱倫只能把去年完成的一個

類似專案拿來參考，這裏加一點、那裏減一點，再把沒得參考的部分添加一些儲備金，然後就把估計的數字交給老闆。之後，凱倫就忘了這件事。

兩個月過去，事情來了。凱倫的主管再度出現，他微笑地問她：「妳還記得上次有關XYZ專案，妳幫我做的估計嗎？」

凱倫很用力想，哪一件呀？不過，主管總是有更重要的事要辦，所以這件XYZ專案，現在又回到凱倫的身上來了。他把一大疊規格書放在凱倫桌上，留下一句：「現在這是妳的工作了。」然後一轉眼，人又不見了。

凱倫一邊讀這些文件，一邊心裏越來越不安。因為眼前的這些規格書，和主管上次要她估計的，差別實在太大。「不過，我想他一定知道吧！」凱倫安慰自己。

最後凱倫就真正的規格，重新估計一次，出來的結果比她上次粗略估計的數字幾乎高出50%。她仔細核對她的數字，確定完全正確後，才去見主管。

主管一看到這些數字馬上抓狂：「那妳要我怎麼辦？」他聲音越來越大：「我告訴妳喲！我已經把上次妳給我的數字報告給老總了，現在一下子加那麼多，妳是要我死嗎？」

「可是你上次說只要大概的數字而已呀！」凱倫也不高興地辯護說：「所以我才給你大概的數字。但是，這次的工作完全不一樣，比以前的規模大太多了呀！」

「那我沒辦法，」主管說：「我已經報上去了。妳就用原來的數字，再去想別的方法好了。」

接下來的故事情節你應該猜得到。從事工作的實際成本，甚至比凱倫的新估計值還要高。雖然預算如此拮据，凱倫最後還是咬著牙硬撐下來。對了，之後凱倫的公司便送她來我這裏上專案管理課程——當然是希望她將來能把預算估計得更精確。

有效做估計的建議

為了讓專案經理能做出又好又可靠的估計，美國管理協會強調以下幾種方法。

歷史資料

專案經理應該從過去的經驗學習。歷史資料可以視為是專案估計的最佳來源。上次完成這項任務費時多久？先前這項局部裝配的成本是多少？如果歷史資料具有完整性，也就是說尚未混雜其他資料，那麼專案經理就可以使用這些資料來估計專案時程／成本／資源需求等項目。有沒有可能過去的經驗並不是典型個案呢？當然可能。請務必做研究確認，但仍然要考慮採用真實的歷史資料，當作專案估計的最佳來

源。

詳細程度

進行估計時，務必要決定必要的詳細程度。如果專案經理還處在專案的「起始」階段（請參閱第1章的起始流程），那麼概略性估計應該就夠用；如果你已完成工作分解結構，正處於細部規畫階段，通常你就需要採取更詳細的方法。工作單位越小，你的估計就有可能更正確。

估計的責任歸屬

如果提供估計值的人要對估計值負責任，估計值就可能更正確。當一個團隊成員被指派去估計完成一項任務的期程，如果她知道自己的名字將會與估計值連在一起，她就會對估計值負責任。現在此估計值歸這位團隊成員處理，因此她將會投入更多時間與心力，以產生更正確的數字。若沒有責任歸屬存在，則團隊成員可能會嘗試臨時湊出數字。

人員生產力

我們無法期待專案經理、團隊成員與支持專案的其他人，在一整個工作天當中，都持續保持百分之百生產力，因為這種想法根本不切實際。人們會分心、請病假、加入與退出專案等等，這些狀況都會影響生產力。

你可以在圖7-5中看到，我們必須調整一週有五個工作天，總計工時40小時的標準，將專案損失（15%）、重工／偵錯（10%）與人工間接負擔（15%）一併列入考慮。如圖中數字所顯示，估計需要的總時數是56小時而不是40小時，而且估計需要的天數為七天而不是五天。

圖7-5　人員生產力

生產力因素	時數	成本／小時	人工成本	天數
基準估計	40	$75	$3,000	5.0
專案損失（15%）	6	$75	$450	0.75
重工／偵錯（10%）	4	$75	$300	0.50
小計（直接成本）	50	$75	$3,750	6.25
人工間接負擔	6	–	–	0.75
排程總計時間	**56**	–	–	**7.00**

◎美國管理協會

專案經理必須在真實世界中工作。我們都在範疇、時間與成本所構成之三角形的三重限制下工作（請參閱本書第11章的圖11-1）。因此，每當計算估計值時，我們都必須考慮影響人員生產力的各種現實面因素。

時間／成本／資源的權衡取捨

在專案環境中做估計時，請別忘記考慮人員的動態變

化，畢竟團隊成員並不是機器人。

　　圖7-6舉例說明，當一個人從事多項任務時，通常會產生什麼結果。做做停停會造成無效率——團隊成員必須停止執行一項任務，然後調整步調開始執行另一項任務，這樣做會降低生產力。相反地，若由不只一個人共同分攤一項任務，無效率會以額外的溝通需求、可能的衝突、以及需要確認工作者彼此之間的邏輯中斷點（logical break point）這三種形式出現。

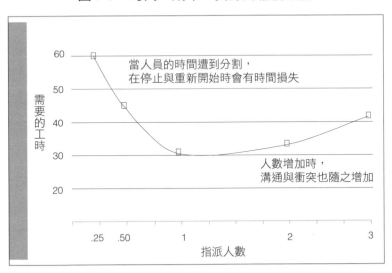

圖7-6　時間、成本、資源的權衡取捨

▶ **估計值的分布。**要看出估計值的分布落點，則需要在估計過程中加入知識與常識。若只採用最壞狀況的假設，那將會產生任意高的估計值；若僅採用最佳情況的假設，那麼你的專案失敗可能性將會大增，因為要達到這樣的估計值，每件事情都必須不出錯。最可能的估計值應該仰賴經驗，並考慮現實狀況。這時候專案經理應該要嘗試了解專案可能發生的情況。他要考慮專案的限制與變數，並判定目前最應該考慮的因素是什麼。

運用這些觀念，專案經理就能應用簡單的公式來改善估計正確性。三點估算法（three-point estimates）可用來找出在估算當中的不確定程度。運用三組不同的假設，可產生專案活動的三組估計值。第一組是樂觀或最佳情況估計值，第二組是悲觀或最糟情況估計值，第三組是最可能（most likely）估計值。利用這三組值，你可以計算出標準平均值（standard average）。如圖7-7所示，你加總這三點，然後除以三，可以得出考慮所有可能性並提供你可行估計值的一個數字。

圖7-7 計算「標準平均值」

使用三點估算法提高正確性

$$標準平均值 = \frac{O + ML + P}{3}$$

關鍵值：O＝樂觀估計值；ML＝最可能估計值；P＝悲觀估計值

計畫評核術（Program Evaluation and Review Technique; PERT）是三點估算法的一種變化。它是由博思艾倫漢密爾頓公司（Booz Allen Hamilton）作業研究部門、洛克希德公司（Lockheed）飛彈系統部評估辦公室、以及來自海軍特殊專案辦公室計畫評估分部的成員所組成的一個作業研究團隊，於1957年發展出來的，以支援北極星（Polaris）飛彈潛水艇計畫。

很多專案都是獨一無二的，包括以前從未執行過的任務，因此沒有歷史資料可供利用。在這類專案環境中做估計時，計畫評核術已證明是一種非常有用的工具，尤其當存在高度不確定性，或是當悲觀估計值可能極高時，計畫評核術會運作得特別好。這種方法也允許專案經理依據經驗與現況，將權重應用於最可能發生的估計值。計畫評核術與標準平均法之間的差別在於，PERT含有一個權重因子（weighting factor），

KEY POINT

計畫評核術（PERT）是三點估算法的一種變化，它包含一個權重因子。

所以是一種加權平均。你可以將權重加到最可能估計值（ML），因為依據經驗與現況，你認為那將會是最可能的結果。圖7-8中的最可能估計值，其權重因子為4（4ML）。最可能估計值以四倍計算，而樂觀估計值與悲觀估計值均為一倍，因此總共有6個值，所以當你計算計畫評核術的加權平均值時，要除以6。

圖7-8　計算「計畫評核術的加權平均值」

使用三點估算法提高正確性

$$（計畫評核術）加權平均值＝\frac{O + 4ML + P}{6}$$

關鍵值：O＝樂觀估計值；ML＝最可能估計值；P＝悲觀估計值

很多專案經理認為，由於權重因子的緣故，最終估計值總是很接近最可能估計值（ML）。儘管那經常是事實，也是恰當的推論，但專案環境的不確定性，經常驅使悲觀估計值變得更高，結果產生一個更好的整體估計值。

請務必記住，估計值只是預測，而且是對天生就不確定的未來做預測。請善用你的主題專家，他們比誰都知道工作內容，也比誰都能更正確地做估計。當你的專案進入成熟期，並且你變得更加聰明，你就能調整與更新你的估計值。

精進估計能力

學習一定需要回饋。除非能確實知道自己的績效如何，否則人們無法學習。如果你每天外出跑一百碼，試圖提升你的速度，但是自己從來不計時，那麼你就會對是否越來越提升或越來越糟糕完全沒概念。你可能做了會讓你慢下來的某件事，但你渾然不知。同樣的，若你要估計任務期程，但從未記錄執行任務所耗費的實際時間，你就不會變得更加擅長做估計。此外，你必須藉由每天記錄時間來追蹤進度。若你一週才記錄一次時間，我保證你只是在做猜測，而這對事情毫無助益。

專案採購管理

工作分解結構除了描述專案工作範疇之外，也提供有關任務與活動本質的必要洞察。很多專案經理發現，有些工作需要向外部採購物品及／或服務。你不用感到驚慌，但是如果你先前的專案都沒有使用過訂購單或合約，當進入採購世界時，你應該知道一些基本概念。

回想私人生活當中你所買過需要送貨的任何東西，是否每樣東西都準時送到？你收到的和你訂購或預期的完全一樣嗎？根據我在諾斯洛普格魯曼公司（Northrop Grumman）採購

與專案的經驗，我向你保證並非每個採購的品項都能準時送達，而且品質規格都沒問題。所有專案經理都必須去規畫與管理已採購的物品與服務，以保證採購流程能順利進行。

專案經理（或某位團隊成員）接著要做的是，要求潛在供應商提供成本與定價的資料。視產業與其他因素而定，這可能像一封電子郵件那樣簡單，或是更複雜得多，甚至可能包含各種條款和條件。

請檢視先前的專案，和具有購買經驗的同事洽談，並檢查相關法規！在諾斯洛普格魯曼公司任職時，我受到聯邦採購法規（Federal Acquisition Regulations; FAR）所限制，這個法規有相當多規則與要求。商業採購的規範就寬鬆多了，而且容許你有更多自由。但若是你有不確定的事項，找人問就對了！

一般性的徵求資料，應包括以下原則：

▶ **資訊徵求書**（Request for Information; RFI）。這通常是對潛在賣方的一份簡單徵求書，目的是請他們提供與所銷售之產品／服務相關的資訊，但並沒有必須向他們購買的隱含性承諾。

▶**詢價單**（Request for Quote; RFQ）。這份表單最常用於標準的或現成的物品或服務。

▶**建議書徵求說明書**（Request for Proposal; RFP）。這份文件要求潛在供應商提出說明，他們的物品或服務如何能達到特定結果，並提供價格資訊。

▶賣方與買方經常使用RFQ與RFP來指稱同樣的流程，這應該不需要擔心，可能只是因為個人偏好而已。

▶一旦選定好賣方，下一個邏輯步驟就是下訂購單（purchase order; PO）或訂定採購合約。常見的訂購單類型包括：

● **嚴格固定價格**（Firm Fixed Price）。價格事先議定好，並且不再調整或更動。

● **成本加補償**（Cost Plus Reimbursement）。買方支付的是賣方的成本加上議定的利潤。

● **時間與材料**（Time and Materials）。買方支付的是賣方所花費的時間，加上賣方必須購買的任何材料。

以前在格魯曼航太公司任職時，我必須嚴格遵守聯邦採購法規，當時我學到了最高價值採購法（best value procurement）。美國國防部致力於訂定更嚴謹的採購流程，其目的是要判定哪些是整體來說最佳的供應商與賣家，而不僅只是選擇最便宜的廠商。當你訂定專案採購規則時，也可以加入同樣嚴謹

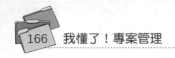

的做法。

　　請不要總是挑選出價較低的供應商，有時候出價最低者最後證明並非專案的最佳選擇。這個賣家過去和你、你同事、或你的組織有合作過嗎？請確定這一點。你應該做一些研究，打一些電話，並利用電子郵件打聽看看。若你得知這位賣家經常或總是延遲交貨，而且這項採購對時程相當敏感，則出價較低者可能會讓你的專案最後失敗。若你打算採購的材料過去有拒收紀錄，那就要分析這些拒收對你的時程與預算可能造成的影響。要努力設法挑選提供給妳最高整體價值的賣家，包括品質、準時送達方面的表現、物品的易取得、以及價格。最高價值採購法可幫助你避開「最低出價變成專案最高成本」的風險。

　　若貴機構有採購部門，那就要善加利用。要善用貴機構的專家。因為專案經理害怕事情會拖慢下來，或是牽涉到太多人，他們有時候會想要自己來，但那不是個好主意。我幾乎總是會找到我的採購聯絡窗口，因為他們會有答案。最起碼我知道他們會引導我避開壞供應商，也就是那些過去表現不佳的廠商。他們也會推薦過去表現良好的廠商。

　　我在諾斯洛普格魯曼公司所管理的最後一個專案，是關於建立一個全組織適用的一套供應商表現評比系統。很多採購部門早就建置好這套系統，而且能提供給你關於供應商表現好壞的完整資料。請與採購人員談談，並善用那些已經存

在的資料,他們甚至可能有可供你審閱的優先選用供應商清單。

　　當你規畫專案時,打算要採購的零件或服務,將會對你的預算及/或時程產生顯著影響,而且影響會越來越明顯。當情況真的變成這樣時,請試著招聘一位專職或兼職的團隊成員,由他代表採購部門。若貴機構沒有採購部門,那就設法找一位採購代理人或有經驗的採購者。如果能在專案團隊中加入一位主題專家,協助你掌控專案進展,那肯定有幫助。

重點整理

◆ 不要在製作工作分解結構的同時，為細部的活動排順序；
　排時程表的時候再來排定活動的順序即可。

◆ 整個專案是靠工作分解結構結合在一起。它用圖示方式描
　繪出範疇的大小、進行資源的分配，並允許進一步地估計
　時間和成本，藉此提供排定時程和編預算的基礎。

◆ 估計實際上是一種猜測，所以「精確的估計」是一種自相
　矛盾的說法。

◆ 請小心，大約估計的數字不能被當成目標。

◆ 對於沒有歷史資料可供參考的活動，用取得共識的估計做
　推測，是相當好的方法。

◆ 當不確定性較高時，計畫評核術（PERT）是一種很棒的估
　計方法。

◆ 善用貴機構的採購部門。若貴機構沒有採購部門，那就設
　法找一位採購代理人或是自己做研究。

◆ 學習一定需要回饋。先估計花費的時間，再與實際花費的
　時間相比較，才能提升你的估計能力。

問題與練習

　　以下所列是一張準備露營活動的任務細目表。請依此繪製一張工作分解結構圖（WBS），說明任務彼此之間的適當關係。參考答案請見書後所附「問題與練習解答」。

◆ 籌備補給物品與各項設備。

◆ 選擇營地。

◆ 營地現場的各項準備。

◆ 打電話預訂場地。

◆ 排定休假日期。

◆ 選擇交通路線。

◆ 準備三餐菜單。

◆ 確定補給物品與各項設備的來源無虞。

◆ 搬運裝備上車。

◆ 打包裝箱。

◆ 採購補給品。

◆ 安排露營行程（專案）。

第八章　排定專案工作時程

Scheduling Project Work

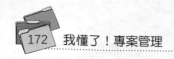

　　一般管理和專案管理有一個很大的不同，就是專案管理特別注重排時程。還記得第一章裏，朱蘭博士說的：「專案是必須排定時程去設法解決的問題。」

　　不幸的是，有些人認為專案管理充其量不過是排時程罷了，這是很大的誤解。排時程只是其中的一項工具，用來管理工作，不應該被視為主體。

　　現今人們傾向於花錢買可以用來排時程的軟體，而這類軟體可說是琳瑯滿目。似乎有了這些軟體後，他們就儼然成為速成的專案經理。不過他們馬上就會發現，這種觀念是不對的。事實上，除非你能徹底了解什麼是專案管理（特別是其中有關排時程的方法論），否則，你幾乎不可能有效地使用這些軟體。

　　對於這些軟體，我倒是有個建議：不管你選擇什麼軟體，最好去上一些使用這些軟體的專業訓練課程。記得個人電腦剛開始出現的早期時代，高階軟體和低階軟體之間有相當顯著的差別；低階套裝軟體很容易使用，高階套裝軟體卻非常難以使用。現在這種差別已經沒有了——兩者都很難使用。另外，在學習使用軟體方面，隨軟體附贈的教學課程和使用手冊通常都不是很好，再加上很難找到一段時間，能夠從頭到

尾不被打擾地上完所有課程，種種因素使得想要自學這類軟體變得很困難，所以最有效的方法就是報名上課去學習。

記得，挑選要上哪一堂課之前，一定要調查上課老師對專案管理的知識背景如何。有些人雖然懂得操作軟體，卻對專案管理本身知道得很少，一旦你有問題，這些老師大概無法給你滿意的答案。

你大概要花兩到三天的時間待在教室，才能真正精通這些軟體操作。不過，想想若能善用這些軟體，日後可以省下你多少時間，這還是蠻值得的投資。

排時程的簡史

1958年以前，排定專案時程的工具只有長條圖（bar chart）而已（參考圖8-1）。因為亨利・甘特（Henry Gantt）發展出一套完整的符號系統，以長條圖顯示進度後，人們經常將這種長條圖稱作甘特圖（Gantt chart）。甘特圖容易製作，也容易看懂，至今仍是團隊成員間溝通的最佳利器，可以讓大家一目瞭然限期內需要完成多少工作；相較之下，對有些團隊來說，箭號圖（arrow diagram）就有點太過複雜。不過，若是為了使執行任務的人了解任務之間的相互關聯性，和及時完成某些任務的重要性，箭號圖就變得很有用了。

長條圖的確有個嚴重缺點，就是很難看出某項任務的延

圖8-1　長條圖

誤，會對專案其他任務造成多大的影響（如圖8-1中，如果A任務進度落後，很難看出這會對其他工作造成何種影響）。原因是原始格式的長條圖中，並沒有把任務之間的關聯性表達出來。（現在的應用軟體，已經可以把各長條間的關聯顯示出來，讓人們更容易看出相關性。這些改良後的長條圖稱為「時間軸要徑時程表」〔time-line critical path schedules〕。）

為了克服這項缺點，在1950年代晚期和1960年代初期，分別發展出兩種排時程方法；兩種都是利用箭號圖，來描繪專案活動之間的先後或平行的關係。其中一項方法，是由杜邦公司（Du Pont）開發的要徑法（Critical Path Method; CPM）；另一項方法則是先前討論過的計畫評核術（Program Evaluation and Review Technique; PERT，請參閱第7章）。

　　至於兩種方法的差異，雖然習慣上我們把所有的箭號圖都泛稱為PERT networks（計畫評核術網路圖），但是嚴格來說，真正的計畫評核術是利用機率技巧，而要徑法卻沒有。換句話說，使用計畫評核術可以計算一項活動在某一段時間內，能夠完成的機率有多少，而要徑法就不可能做到這一點。

KEY POINT
CPM：要徑法
PERT：計畫評核術

網路圖

　　我們可以用圖8-2的箭號圖，來表示各項工作執行的先後順序，圖中的A任務比B任務先完成，而C任務則是與A、B並行完成。

　　圖8-2-1是將活動標示於箭身的網路圖（network diagram）。其中箭號代表需完成的工作或活動，而圓圈內則表示某個事件。事件只有兩種選擇狀態──已發生或是未發生；但是活動卻可能只有部分完成。請注意這裏的事件（event）有其特別的意義。通常我們會說，一場足球賽是一個事件──在一段持續的時間內發生的一個事件。但是在排時程的專門用語中，事件指的是時間中的特定某一點──某件事剛開始或剛完成的那一點。

　　圖8-2-2用的是將活動置於節點（node）內的網路圖示

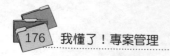

圖8-2　箭號圖（網路圖）

圖8-2-1：將活動置於箭身的網路圖

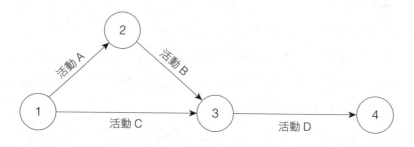

圖8-2-2：將活動置於節點方塊內的網路圖

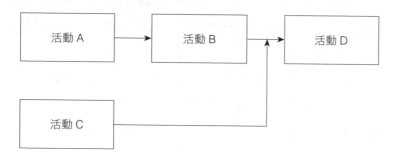

法。這個表示法把工作看成是一個方塊或節點，再用箭號表示工作執行的先後順序。在這種表示法中，不會把事件顯示出來，除非某些事件是所謂的里程碑（milestone）——專案中工作的主要部分完成的時間點。

　　為什麼需要兩種形式的網路圖呢？說穿了沒什麼特別，

事實上只不過正好是由不同的業者所發展出來的不同方案而已。

　　至於哪一種網路圖比較好？很難說，表達何時工作應該完成，兩者做出來的結果其實是一樣的；兩種形式現在也都有人用，只不過將活動置於節點內的網路圖用的人多一點點，原因是現在的個人電腦軟體大多採用這種圖示法。

　　再回頭談使用要徑法或計畫評核術到底有什麼好處呢？最大的好處是，你可以知道專案到底有沒有可能如期完成。另外，你也可以知道在完成期限之前，各項任務必須個別於何時完成。更進一步，你還可以知道哪一些任務有容許稍微延長時間的餘地，而哪一些則完全沒有。事實上，兩種方法都是用來決定要徑的。要徑的定義是：別除掉並行進行的活動，費時最長的連續一連串活動。而這條路徑決定了整個專案最快能夠完成的時間需要多久。

> **KEY POINT**
>
> 要徑是指穿越專案網路最長的那條路徑。因為在此路徑上，不容許有任何的延遲，要徑上所有的活動都必須如期完成。否則，關鍵活動每延期一天，整個專案的結束日期勢必跟著延後一天。

為什麼要排時程？

　　專案要排時程的基本原因，是為了確保可以如期完工。大部分的專案都有期限，而要徑法有助於確定哪些活動將決

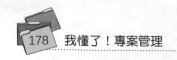

定結案日期，同時也協助指引應該如何管理專案。

　　然而，排時程也可能走火入魔，你很容易就把所有的時間全部花在更新與修訂時程上。今天所使用的排時程軟體，應該被視為一種工具，管理者不應該淪為工具的奴隸。

　　排時程光是紙上談兵很容易，但是要能切合實際卻不簡單，主要原因在於各項可用資源搭配不易。事實上，除非資源分配經過適當處理，否則時程表幾乎毫無用處可言。可喜的是，現在的安排時程軟體，都能將資源分配處理得相當好，我們可以暫且把這些事丟給軟體。本書繼續要探討的是，如何使用網路圖來告訴我們，需要在哪裏處理什麼事。

　　常有人告訴我，由於專案範疇和各項工作的優先次序不斷更動，結果使得花時間尋找要徑的動作反而變得多餘。這裏有兩點值得我們反省：

　　首先，專案範疇如果更動太頻繁，就表示起初花在定義和規畫專案的時間太少。改變範疇通常意味著忘記某些事情。假如開始時，能夠多注意該完成的各項工作，通常就可以減少很多更動範疇的麻煩。

　　其次，工作的優先次序如果更動太頻繁，就表示管理階層的心力無法集中，這通常是由於企業組織想要利用有限的資源，完成過量的工作所致。我們每個人都有一大堆待完成的事情，不過其中一定有些得排在比較後面，等我們有時間、有錢、或兩者皆有時才能繼續完成。企業組織也是一

網路圖使用的專有名詞

活動 Activity

每一項活動都必定會消耗時間，也許還會消耗資源。舉例來說，像文書作業、勞工協商、機器操作，以及採購零件或設備的訂貨、交貨前置時間等事項。

關鍵 Critical

所謂的關鍵活動或事件，就是一定要在某個期限內完成的活動或事件，並無轉寰餘地（寬鬆時間或浮時）。

要徑 Critical Path

要徑是指網路圖中，需時最長的路徑。也就是可以決定專案最快能在什麼時候完成的路徑。

事件 Events

活動開始或完成的那個時點稱為事件。一個事件是時間軸上的某一點，每個事件通常都會用一個圓圈來代表，圓圈中可能用數字、文字或文數字來命名事件以資識別。

里程碑 Milestone

里程碑也是事件，代表專案中特別重要的時點。里程碑通常是工作主要階段結束的時點。我們經常在到達里程碑時實施專案檢討。

網路圖 Network

網路圖也稱作箭號圖。網路圖以圖形表示專案計畫中各項活動之間的關係。

樣，從經驗中我們得知，企業組織裏如果有一群人需要同時處理多項專案時，生產力一定會下滑。舉例來說，有家公司發現，當它不再讓員工同時參與多項專案後，員工的生產力整整提升了一倍，顯然這是個很值得注意的現象。

　　然而，要徑法跟上述兩點有什麼關係呢？一旦知道專案中的要徑在何處後，你就能看出如果範疇或優先次序變更，對整個專案的影響到底有多大；你也能知道哪些活動受到的影響最大，要採取什麼措施來補償損失的時間。此外，管理者還可以評估什麼時候是最好的時機，可以告訴相關人員，變更對專案的影響為何。其實只要使用得宜，要徑法實在是一種非常有價值的工具。

製作箭號圖

　　第7章裏說過，在排定專案時程之前，應該先完成工作分解結構（WBS）。工作分解結構可以從2層到20層不等。為了說明如何從工作分解結構來排定時程，我們以整理住家庭院這項簡單工作為例子做說明，圖8-3是這個專案的工作分解結構圖。

　　在這個工作分解結構案例中，很適合把任務的時程排到

圖8-3　整理庭院專案的工作分解結構

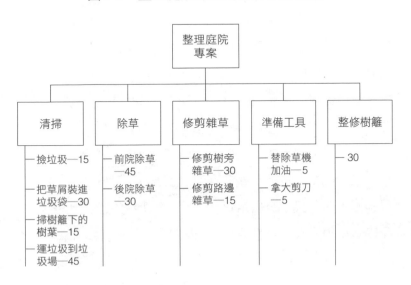

最低層，但是未必每個專案都適合這麼做。有時候工作會劃分到6層，但是時程中只需要排到第5層的活動，原因是你可能無法掌握到第6層每項任務的時間。也就是說，你不能把時程訂得那麼死；你只能在你可以掌握的階層訂定時程。在此提供一條通則：做規畫（或排時程）絕對不要細分到超過你所能掌握的程度。像檢修大型發電機這類的專案，時程是以每小時為單位，其他專案的時程是以天為單位，至於像是一些大型營建工程專案，則以月為單位。

不要把規畫做得過分詳細，但是也不能

KEY POINT
排時程絕對不要詳細到超過你所能掌握的程度。

太粗略。舉個實際的例子：一位主管告訴我，有一次他的員工想要製作一張任務為期26週的時程表，結果這位經理很篤定地告訴手下，絕對不可能準時完成，這張時程表做出來只有扯大家後腿的份。

這位經理的意思是，一項為期26週的任務，會給人時間還很長的錯覺。任務開始後，如果有個人很忙，他可能會說：「還有26個星期，我可以隨時找一天來補今天的份，明天再開始吧！」每天都如此，直到有一天，他一定會發現自己拖延太久，接下來便是每天慌慌張張地趕進度，想要如期完成，結果造成所有的工作都往後堆積。

在此有個重要的基本原則要遵守：任何一項任務的期限，絕對不能超過4到6週。一項為期26週的任務，應該可以再劃分成5到6個子任務，否則26週的進度規畫，只會讓大家到越後面負擔越重而已。

有兩種方法可以用來排時程：第一種是由後向前法，第二種是由前向後法；通常最簡單的方法是由前向後法。

開始排時程時，首先決定有哪些事能夠先做。有時候，幾個任務可以同時開始進行，如果是這樣，就把它們並排畫在一起當作起點，請參考圖8-4中循序發展的程序。

KEY POINT
有個重要的基本原則要遵守：任何一項任務的期限，絕對不能超過4到6週。至於知識性工作，則應該規畫在1到3週之內的期限，理由是知識性工作的進度，比有實體呈現的工作更難追蹤。

有時需要多排幾次，才能確定一個完全可行的次序出來。

在圖8-4這個小專案中，可以看出包含了三個階段：準備、執行和掃除。其中，準備部分有三項任務：撿垃圾、替除草機加油、拿大剪刀；掃除部分則有：把草屑裝進垃圾袋、掃樹籬下的樹葉，以及運垃圾到垃圾場三項任務。

製作這張時程表時，我遵照兩個排時程的原則：一是盡可能先做合乎邏輯的安排後，才來考量資源有限的問題。拿整理庭院的這個專案來說，如果只有我自己一個人的話，便沒有發生平行路徑的可能。另一方面，假如我可以找到家人

圖8-4　整理庭院專案的要徑法圖

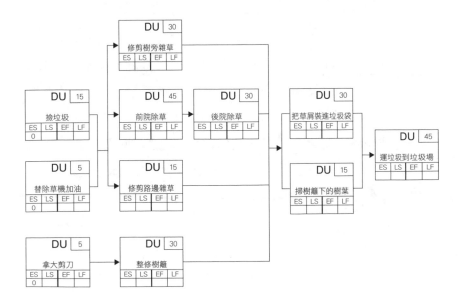

或是鄰居家的小鬼來幫忙，平行路徑就有可能辦到。所以這個原則說，儘管放心大膽去排時程，就好像找到別人來幫忙是有可能辦到的事那樣。記住這一點特別重要，否則你永遠排不出時程。一邊排時程的同時，還要擔心誰來做啥事的話，你遲早會陷入因資訊太多而變得優柔寡斷的情境。

　　另一個原則是，保持單一計時單位，絕對不要把小時和分鐘混合使用。你可以先把所有進度用分鐘做計時單位，排定後再轉換成小時和分鐘，當作最後一個步驟。在整理庭院這個專案中，我很單純地只用分鐘做計時單位。

　　我建議在使用排時程的電腦軟體之前，先在紙上畫出你的網路圖，檢查看看整個流程是否前後邏輯一致，因為如果網路圖中有邏輯錯誤的地方，電腦並不會告訴你。若你把一堆垃圾丟進電腦裏，電腦會把垃圾重新包裝，再丟出來；這包垃圾看起來富麗堂皇，因為它已經經過電腦處理了。

　　這裏有一個重點：網路圖的問題通常不會只有一個答案。不同人所繪製出來的箭號圖，多少都有些不一樣的地方。網路圖的某些部分可能必須按照一定的順序完成，但是經常都有若干彈性。舉個簡單例子，如果你

想要看到一份書面報告，總要先把紙張送進印表機裏吧！假如畫出來的圖上，連這個次序都相反的話，絕對是一份錯誤的圖示了。所以結論是：沒有所謂唯一的標準答案，但如果不合邏輯的話，那肯定是一份錯誤的圖示。

KEY POINT

很難斷定網路圖是否完全正確，但是如果不合邏輯，那肯定是錯誤的網路圖。

有關整理庭院專案的網路圖，其實還可以畫得更複雜得多。你可以再細分為前院馬路邊和後院馬路邊，甚至可以把樹身周圍的雜草分為前院樹木及後院樹木旁的雜草。不過在本書中，沒有必要弄得這麼複雜，我們的目的並不是要詳細敘述應該如何做好這項工作，只要捕捉精髓就夠了。

下一步就是要算出需要多少時間才能完成工作。要估計每一項任務耗時多久，需要借重過去的經驗。不過請記住，估計只對打算從事該項任務的人有效。就像我16歲的女兒推除草機除草，所需耗費的時間一定會比我12歲的兒子來得短。在下一章中，我們會說明如何在網路圖中找出要徑，如此就可以知道需要花費多少時間了。

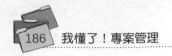

重點整理

◆ 專案管理不只是排時程而已。

◆ 箭號圖優於甘特圖之處，在於箭號圖更容易評估時間延遲
所造成的影響，以及對整個專案的影響層面會有多大。

◆ 排時程的詳細程度，要做到能夠掌握工作進度的程度為
止。

◆ 安排任務時程的期間，應該不超過4到6週。任務本身如
果太大，可再細分為幾個子任務，仍以4到6週內為目
標。若是屬於軟體及工程類的任務，應該再進一步細分，
使期間不超過1至3週。

問題與練習

請依圖8-5的工作分解結構繪製一張箭號圖。參考答案請見書後所附「問題與練習解答」。

圖8-5 整理房間的工作分解結構圖

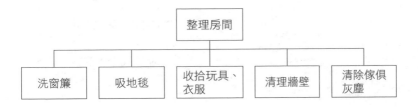

第九章　製作一份實用的時程表

Producing a Workable Schedule

有了一份合適的網路圖之後，再訂出每項活動所需的時間，就可以看出圖中哪一條路徑需時最久，也可看出目標是否能夠如期完成。由於整個專案中最長的那條路徑，決定了專案最快能在什麼時候完成，若是這條路徑上的任何一項活動發生了延遲，就會因此造成專案無法如期完成，所以這條路徑就被稱為「要徑」（critical path）。

計算時程

通常我們會把計算的工作交給電腦去做，所以你可能會納悶，真的有必要知道如何用人工計算時程嗎？我個人相信一件事：如果你沒有充分了解整個計算過程，就不可能真正了解所謂的浮時（float）、最早（early）與最晚（late）日期的意義。更慘的是，你很可能被淹沒在輸入、輸出都是垃圾資料的垃圾山裏面不知所措。話說回來，用電腦排時程，倒是有一個能節省大量人工的優點，那就是電腦可以很容易地把所需時間換算到行事曆上。在此提供一個小處方，專治電腦計算的後遺症。

首先，思考一下對於專案我們想知道些什麼。如果專案從「時間＝0」的地方開始，我們當然想知道到底多久專案可以完成。正常情況下，大部分的專案都會在一開始，就被告知完成期限是什麼時候——意思是完成日期已經預先設定

好了。更進一步，基於某些原因（例如：資源無法及時供給、規格還沒確定，或是另外一個專案一定要先完成等等問題），有些專案可能連開始的日期都被限制住了。這種情況下，排時程的動作通常演變成在兩個固定時間點之間，設法調整專案進度，使專案能如期完成。但不管是在什麼狀況下，我們還是想知道，整個專案到底要花多久時間才能完成。如果實際所需時間比被告知的時間長的話，我們就必須想辦法縮短要徑。

KEY POINT

安排時程時，若對資源分配問題欠缺考慮的話，幾乎一定會造成時程無法如期達成。

在網路圖上計算時程，最簡單的假設狀況，是假設所有活動所需要的時間都已經清楚地確定了。然而，實際上活動所需要的時間，是受到可用資源的供應程度所限制。一旦工作得不到資源充分的供應，那麼任務勢必無法如期完成。這就是為什麼在做網路時程計算時，一定要把資源限制當作重要考慮因素的原因。換句話說，資源分配是決定真正能達到何種時程的必要條件，沒有把資源因素考慮進來的時程表，專案一定無法如期完成。

KEY POINT

開始排時程時，是在假設資源供應無虞的情況下做計算。這是在最樂觀的情形下，所得到的解答。

進行網路時程計算的第一步，是要決定時程表中的要徑在哪裏，同時找出在理想情況下，非要徑中有哪裏可以擠出時間的餘裕來。當然，理想情況是指所需的資源供應都

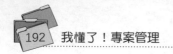

沒有問題，所以開始做網路時程計算時，暫不考慮資源問題，這也是本章要討論的方法。至於下一步安排資源分配的問題，如前所述，就交給電腦軟體來處理了。

網路時程計算規則

為了計算網路的開始和結束時間，只有兩項網路規則可以適用於所有的網路。在此我稱它們為規則一和規則二，說明如下。至於電腦排時程軟體，自有它們使用的其他規則，其中有一些嚴格的功能限制，無法適用於所有的網路圖上。

規則一：一項任務開始之前，排在這項任務前面的所有
　　　　任務都必須先完成。
規則二：箭號表示工作的邏輯次序。

基本的時程安排計算

接下來，我們用下頁圖9-1的網路圖，來說明如何計算時程。首先我們來看看，時程表中節點方塊內的小格子裏，ES、LS、EF、LF與DU這些英文縮寫，各代表什麼意思：

ES ＝ 最早開始時間（Early Start）
LS ＝ 最晚開始時間（Late Start）

EF ＝ 最早完工時間（Early Finish）

LF ＝ 最晚完工時間（Late Finish）

DU ＝ 任務期程（Duration of the task）

圖9-1 說明計算方法的網路圖

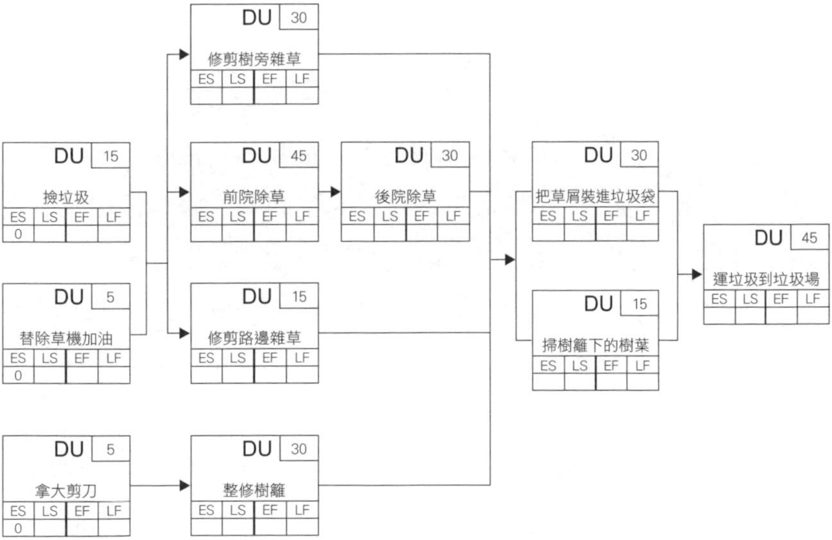

前推計算法（forward-pass computations）

舉網路圖裏「撿垃圾」這項活動為例說明，整個活動期間需要15分鐘。假設從「時間＝0」開始，撿垃圾最快完成的時間為15分鐘，於是我們就在 EF（最早完工時間）欄底

下，寫下15這個數目。

「替除草機加油」只需5分鐘。根據整個網路圖的邏輯來說，在除草動作（包括樹旁、前院、路邊雜草）開始之前，「撿垃圾」和「替除草機加油」必須先完成。「撿垃圾」需時15分鐘，而「替除草機加油」只需5分鐘，那麼最快需要多少時間，才能夠開始除草階段呢？答案是至少要等到「撿垃圾」完成，因為它是耗時最長的前置準備活動。

事實上，「撿垃圾」的最早完工時間，變成後續三個任務的最早開始時間。有個必然的事實是，前置任務中，結束時間最晚的最早完工時間（EF），相當於其後續任務的最早開始時間（ES）。也就是說，最長的路徑決定了其後任務的最早開始時間。

遵循這個規則，我們就可以把每一項任務的最早開始時間，一一填入下頁的圖9-2中。從圖9-2中我們可以看到，如果所有的工作都按圖進行，整個專案需時165分鐘完成。以上就是所謂的前推計算法，用以決定所有活動的最早完工時間。專案管理的電腦軟體基本上也是依照這個方法計算，另外再加上把時間轉換成行事曆的日期格式，能夠更快完成計算工作。

圖9-2 填入ES與EF時間的網路圖

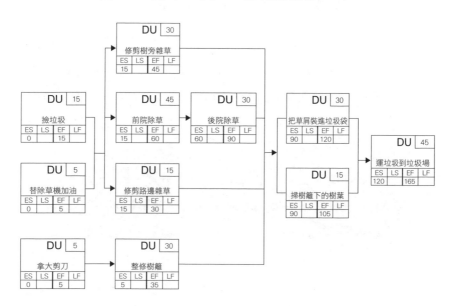

規則：當一個以上的活動在某項活動之前時，某項活動
可以開始進行的最早時間，就是之前的所有活動
中，耗時最「長」的那段時間。

備註：決定最後事件完成的時間，就是專案最早完工的
工作時間。如果把時程表中所有的週末、假日及
其他休假日都考慮進來的話，實際結案日期可能
遠長於依照真正工作日數所推算出的最早完成日
期。

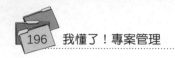

後推計算法（backward-pass computations）

後推計算法仍然是透過網路圖，來計算圖中每項活動的最晚開始時間和最晚完工時間。為了要做這樣的計算，我們必須先決定專案最晚要在什麼時候完成。傳統上，我們不會希望一項專案的結束日期，比它應該完成的最早時間晚，這種拖延不是很有效率。

同樣的，我們也不會堅持（至少目前不會）一定要把專案提前，比計算出的最快可能完成日期還早結案。假如我們真的想要提早完成，就必須重新繪製網路圖，或是縮減一些活動的時間（例如：增加資源或提高工作效率等）。目前，我們還是以165分鐘的工作時間，做為這個專案的最晚完工時間。

「運垃圾」的最晚完工時間為第165分鐘，而它本身占了45分鐘。那麼最遲什麼時候可以開始運垃圾呢？很明顯的，165減去45是第120分鐘，也就是從事這項任務的最晚開始時間。遵此要領倒推，我們可以得出：「把草屑裝進垃圾袋」工作的最晚開始時間是第90分鐘；而「掃樹籬下的樹葉」的最晚開始時間是第105分鐘。在90和105這兩個數字中，有一個會成為前一階段的最晚完工時間，問題是哪一個？

好的，我們先試著從第105分鐘開始推算。若是如此，前一階段任務結束後，「把草屑裝進垃圾袋」最晚可以從第105分鐘開始動作，但當我們將「把草屑裝進垃圾袋」需要

用的30分鐘,與105分鐘相加後,卻變成第135分鐘才能做完,如此將比先前計算出的120分鐘晚,結果導致專案結束的時間一定會超過165分鐘。

如此看來,當我們使用後推計算法時,前一階段任務的最晚完工時間欄,一定要選填其後續階段任務中數值「最小」的那個最晚開始時間。(換個簡單的說法是:永遠選擇最小的數字就對了!)

KEY POINT

當我們使用後推計算法時,前一階段活動的最晚完工時間欄,一定要選填後續階段活動中「最小」的那個最晚開始時間。

　　規則:當有一個以上的活動接續在另一個活動之後時,
　　　　　這個活動的「最晚完工時間」,就是在之後的所
　　　　　有活動中,開始時間數值最「小」的那個時間。

現在檢查看看下頁圖9-3中,用粗線外框標示的活動所形成的路徑:

在這條路徑上,每一項活動的最早開始時間(ES)和最晚開始時間(LS),最早完工時間(EF)和最晚完工時間(LF)都相同。路徑中也沒有任何可緩衝的浮時(float,或時間延遲的餘地)。傳統上,對於沒有浮時餘裕的活動,我們稱之為「關鍵」(critical)。如果整條路徑上,都沒有浮時,我們就稱這條

KEY POINT

我們稱沒有浮時的活動叫做「關鍵活動」。關鍵活動如果沒有照預定時間完成,就一定會拖延專案完成的時間。

圖9-3　顯示要徑的網路圖

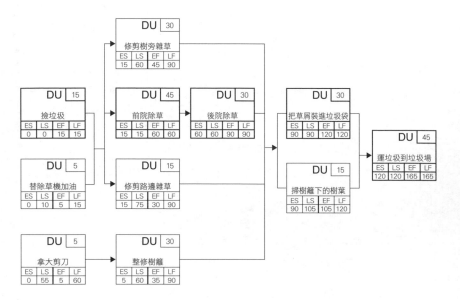

路徑為「要徑」（critical path）；意思是如果路徑上的任何一項
工作落後時程了，整個專案的結束時間勢必會相對延後。任
何活動中，只要最早開始時間和最晚開始時間，或是最早完
工時間和最晚完工時間不相同的話，就出現所謂的浮時。舉
例來說，「修剪樹旁雜草」的最早開始時間是15分鐘而最晚
開始時間是60分鐘，兩者之間就產生了45分鐘的浮時。

　　圖9-3是製作完成的網路圖，用粗線外框標示出要徑。
請注意，要徑中的活動，最早完工時間和最晚完工時間相
同，最早開始時間和最晚開始時間也相同。

　　要徑中的活動並沒有緩衝的時間，它們必須按照預定的時程完成，否則整個專案就要花上比 165 分鐘更長的時間，才可能完成。當專案經理知道要徑之後，就更能把注意力集中在這裏。其他任務有緩衝的時間，我們稱之為「浮時」，不過這並不表示可以忽視這些活動，只是這些活動即使出問題，也不一定會使專案無法如期完成。就像「修剪路邊雜草」這項任務，最早開始時間是 15 分鐘，最晚開始時間是 75 分鐘，兩者相差 60 分鐘，這 60 分鐘就是這項任務的浮時。

　　浮時有什麼好處？有了這段浮時，我們就有很充裕的時間，在第 75 分鐘才開始修剪路邊雜草，最終還是能如期完成專案。假如你是叫自己的寶貝兒子做這件差事的話，他可以在看完整整一個小時的電視節目之後，再開始修剪路邊雜草，而且不會延誤整個專案的進度。

　　請記住：這裏所有的時間都是估計值，意思是實際執行各項任務時，都有可能或多或少與預定完成的時間有出入。但是只要任務執行不超過時程表所排定的時間，再加上可利用的浮時，工作仍然可以準時完成。至於沒有浮時的關鍵任務就要小心處理，時間絕對不可以延遲，通常只能透過加入額外資源或是加班來做調整，使關鍵任務得以如期完成。

　　不過，以上的方法也未必一定行得通。加班太多，錯誤也容易增加，導致重工機會跟著變多，比較下來，好像也沒有比工作依照正常進度進行的方式快。更糟糕的是，當你把

任務的參與人數加到某個臨界點時，工作成效將會不升反降。在這樣的情況下，大家會走到互相妨礙對方工作的地步，實際上不但不會加快，反而使工作進度慢下來。所以如果一個專案的時程，是把加班都排進來做為正常工作模式的話，那實在不是一種好做法。加班應該當作出問題時的備用措施。

另外一個重點是，所有專案團隊成員之間要有個共識：盡量保留浮動時間，以防估計錯誤，或是意外產生時，還有緩衝的餘地。人們總有不到最後關頭，絕不輕易開始動手的傾向，所以只要有任何一點意外發生，任務就很容易延宕，這時如果沒有浮動時間做緩衝的話，一定會衝擊到整個專案的結案時間。因為一旦把浮時耗用完，任務也就變成是要徑的一部分了。事實上「關鍵」這個字真正的意思，就是沒有浮時；沒有浮時的任務必須準時完成。

利用網路圖來管理專案

正如我在前面所提到的，製作要徑法圖示的目的，是要用來管理專案。如果要徑沒做好，排時程根本就是毫無價值

的活動。我發現以下歸納的幾個要點，在管理我自己的工作上很有幫助：

- ▶試著按照時程進行專案。追趕進度永遠比一開始就按照時程進行困難得多。

- ▶永遠在手邊保留浮時，當面對突如其來的問題，或是對工時估計錯誤時，才有緩衝餘地。

- ▶無論花費多少心血，一定要確保要徑中的所有關鍵任務，不能有時程落後的情形發生。假如要徑中有某項任務可以比預定時程提早完成，就盡量提早吧！緊接著再繼續進行下一項任務。

- ▶避免落入凡事要求完美的陷阱——那應該是等到要開發下一代產品或服務時再追求的目標。請別誤會，我的意思並不是指工作隨便做一做，可以過關就好了，或者不應該盡自己所能將工作做好；而是不要走進「非得完美不可」的死胡同。況且，照定義來說，人是不可能達到完美的。

- ▶估計某人從事某些任務必須花費的時間，如果改由另一個人做的話，必須適當調整估計的時間長短。尤其是當新手取代老手上場時，這種調整更是必要。

- ▶雖然本書在第8章提過，不過因為這點實在太重要了，我必須再重申一次：安排每一項任務完成的時

間，最長不要超過4到6週。如果超過這個限度，人們就會有一種「時間還很多」的錯誤安全感，開始做的時間就會延遲。人們會自然產生一種假設：「只不過晚一天開始，很容易就可以補回來。」結果真正開始做時，通常已經晚了好幾天，然後才發現怎麼樣也趕不上進度了。這些人把所有的心力都花在趕進度上，越到後面壓力越大。如果一項任務的期間，真的需要長過6週的話，那就以人為的方式把它再劃分為更細的子任務，必要的話在過程中找出一個人為分界點，到達那個臨界點時也要檢討目前的進度，這樣做有助於保持進度不致落後。

▶ 假如有人從事專案工作時，認為網路圖無關緊要，你可以向他們解釋網路圖的重要性，並將「浮時」的意義解釋給他們聽，千萬不要將網路圖隱藏起來，不讓他們知道。不過，提供給他們長條圖也行，或許長條圖比網路圖更容易讓人了解，告訴他們：如果每項任務的浮時都用完的話，接下來的所有任務都可能變成「關鍵任務」，將使得必須接手這些活動的人承受極大的壓力。

▶ 有幾種方法可以縮短任務的期間，像是增加投入的資源、減少任務範疇、草率地做事（降低工作品質）、增進效率或是改變工作的作業流程。以上除了草率地做

事這一項外，其他的方法都可以嘗試。至於減少任務範疇這個方法，當然必須先和客戶談過之後，才可以採用。

▶ 開始排時程時通常會假設，計畫中所有的資源都能得到充分的供應。如果所需的人力必須和別的專案共享，或是同一個人要參與多項任務的話，很可能有工作量過重的情形產生。現在一般的軟體都會提醒你人力分配是否有過重的情形，對解決這類問題應該有些幫助。

將箭號圖轉成長條圖

要適當分析專案中各項活動彼此之間的關係，箭號圖是一項很必要的工具，但是在執行專案時最佳的工作利器，還是長條圖。對工作中的人們來說，最容易看懂的圖表就是長條圖。由圖中他們可以很容易看出，自己的工作什麼時候該開始、什麼時候要結束。現在我們把圖9-3的箭號圖，轉成圖9-4的長條圖，將分析網路圖中之時程的結果，以長條圖表示出來。

請注意，在長條圖中，要徑是用粗黑色的長條表示；有浮時的長條以中空的長條畫出，後面連接一條細長尾線，表示還有多少浮時可利用。這些任務最遲要在尾線終點之前完成。

圖9-4　整理庭院專案的長條圖時程表

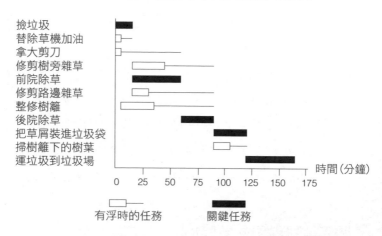

這是相當傳統的記號表示方法。一般排時程的軟體即使是使用要徑法尋找要徑和計算浮時，也都會容許你列印出長條圖。其中有一點要注意的是：很多程式在彩色螢幕上，使用紅色代表要徑，而用綠色或是藍色表示已經開始的任務。如果你使用的是黑白印表機，列印出來的長條圖全部都是粗黑線條，這會讓使用者誤會所有的任務都是關鍵任務。所以如果可以在電腦顯示上做調整，用陰影或是交叉線條代替色彩的話，那麼即使用黑白輸出，也不用擔心造成混淆。

分配資源給任務

我說過開始排時程的時候，先假設所有資源的供應都不

成問題，當然這是最好的假設情況。如果在這種最樂觀的情形下，你發現專案進度還是無法在期限之前完成的話，至少在一開始時你就知道這是一項不可能的任務。但是即使你認為期限之前可以達成目標，那你也必須考慮一個情況：之前假設資源是充分供應的，相對於實際可資利用的資源，結果是否會造成實際的工作量過重？

通常你會發現，有人同時被指派負責兩到三項任務，基本上這是行不通的。想要解決這種資源負擔過重的情形，除了非常簡單的時程表之外，就有賴電腦軟體這項利器了，這才是軟體真正勝過人的地方。不過好笑的是，購買軟體的人當中，只有極少部分的人真正會使用軟體來撫平資源（level resources）。

接著我們看一下圖9-5中的小時程表，當中僅有四項任務：兩項關鍵任務，兩項有浮時的任務。原木在規畫時，A任務需要兩個人才能在三週內完成，B任務和C任務各需要一個人，結果一直到專案要開始進行時，你才發現只有三個人可以運用。怎麼會這樣呢？

也許本來就只有三個人可以運用，只是因為你使用平行任務的原則，將邏輯上可同時進行的任務排入時程中，所以無可避免地一定會遇到人力負荷過重的情形。當然也有可能是，當你在擬定計畫時，的確有四個人力可供利用，不過其中一個人隨後被調走從事其他更重要的專案去了。

図9-5　過度使用資源的時程表

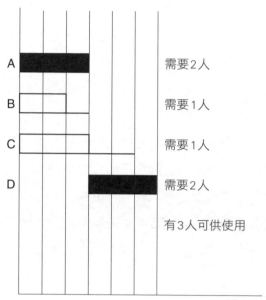

先不管原因是什麼，除非你能做些改變，否則圖9-5這張時程表絕對行不通。變通的方法有幾種，你應該檢視三個面向。首先，找出哪些任務有足夠的浮時，可以先往後延，直到有可供利用的資源出現時再繼續進行。我們舉的這個例子是有解的，解答就在下頁的圖9-6中。

當然，這是一個教科書說明用的理想範例，真正的專案可就沒那麼簡單了。請注意，C任務有足夠的浮時，可以等到B活動完成後才開始動作；但是通常會發生的情形是，B

圖9-6　運用浮時來撫平資源的時程表

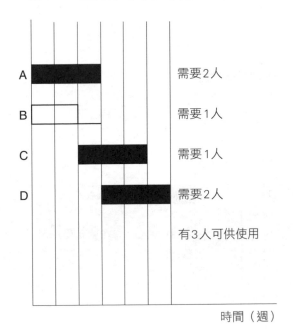

時間（週）

活動還沒完成以前，C任務的浮時就用完了。更誇張的是，如果到時候發現D任務要三個人才夠，而不是原先規畫的兩個人，那又該怎麼辦？由此可見，有太多複雜的情況交錯其中，就像在圖9-7中的情形。

　　圖9-7是一個典型例子，對於這類問題，我們必須要有對策解決。除了圖9-6，另外還有兩種方法可以解決這類的問題。

　　第一種方法是考慮四項限制條件之間的函數關係：

圖9-7　C任務無足夠浮時以容許撫平資源的時程表

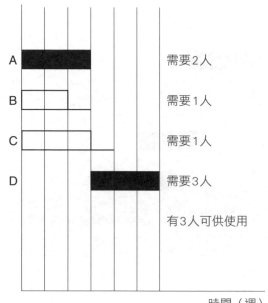

$$C = f(P, T, S)$$

你應該先問，是否可能縮減任務範疇或改變時限，再不然就是降低成效要求。通常降低成效要求是比較不被考慮的選擇，但是或許可以考慮其他方案。舉例來說，有時候減縮任務範疇仍然可以達到客戶的要求，或者你在短時間內就可以找到別人就近來幫忙，若是如此，那就根本不必考慮縮減範疇甚至降低成效了。想想看各種可能的解決方法吧！

　　當然也有可能發生類似以下的不幸：當你去拜託手中握有豐厚人力資源的專案經理，請他再分給你一個人時，結果答案是不可能。不但如此，他甚至打算把先前給你的三個人要一個回去，結果你有嘴說到無涎，好不容易才讓他打消了這個念頭。下一步你只有找專案贊助人，看看他同不同意你縮減專案範疇，結果答案是：「不行！」

　　當然更別提降低成效要求了，那更是不可能的事。你又無法及時找到約聘的員工，能馬上幫你完成棘手的任務。這個時候真可以說是處於彈盡援絕的窘境了。你唯一可以考慮的，就是看看是否還有其他的替代性作業流程可供選擇。舉個例子，如果你可以用噴漆機器來漆牆的話，當然比用刷子漆快得多了。

　　假如連這招都還是無效的話，你唯一可以決定的事只有一件了──自動請辭吧！反正你從來沒有真正想成為專案經理。不過，請你等一等，事情應該沒那麼悲觀，我們還有其他方法。

　　回想一下我在前面說過的，因為你把 C 任務的浮時都用完了，使得它變成了要徑任務。當你要求軟體撫平資源時，它需要知道你是否想要就現況可用的浮時來排定時程。如果你回答「是」，在類似本例的情況下，不會有任何更動，這個資源調動方法叫做時間關鍵資源撫平法（time-critical resource leveling），原因是在這個專案中，時間是最重要的要素。

但是，假使你回答「否」的話，軟體就會繼續嘗試，移動所有可能的任務，一直到有可利用的資源出現為止，甚至可能會把期限自動向後延，這個方法稱為資源關鍵撫平法（resource-critical leveling）。我們將這種方法應用到眼前例子上，所得到的解答如圖9-8所示。除非你寧願辭職，也不願接受延期，不然，這種解答應該還能接受。

事實上，有時候延期延得太誇張，結果會很荒謬可笑。

圖9-8　用資源關鍵撫平法排出的時程表

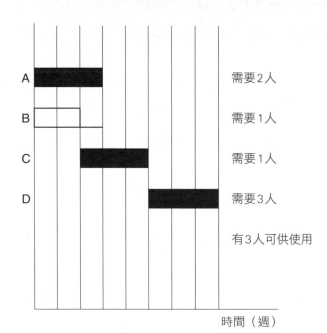

譬如專案原本預定的結案日在2016年12月，結果軟體告訴你，因為資源嚴重缺乏，所以專案結案日得延至2019年12月才能完成。這簡直荒謬可笑，如果時程表排到這種誇張地步，那還有什麼意義呢？

這個誇張的結果，可讓這個議題受到大家注意，充分顯示出不足的資源會對專案造成多大的影響，以及必須為此付出一些代價——例如大家都以為結案日是你一開始說的日期，結果卻延後得離譜。曾經有人告訴我，他不相信一開始所排的時程表，因為他認為那些時程表根本不切實際，充其量只是經過繁複計算的紙上談兵，對他根本沒有任何意義。

我同意他的看法。但是另一方面，假使人們願意接受一個事實，就是規畫專案總有其他限制，無法盡如人意的話，那麼至少這種方法，是把你所面臨到的限制呈現出來的一種手段。每一個人都必須了解，估計其實就是「猜猜看」，不管是市場規模預測或是氣象預報全都一樣。還有，如同先前我所指出，所有的活動都會遭遇變化。假使有人無法了解這點的話，那我真的建議專案經理可以自動請辭去找更合適的工作了。

資源可用性

處理資源分配的另一個重大課題，是每位從事專案工作

者的可用性（availability）。工業工程師有個指導原則，就是每個人工作的可用性不會超過80%的工作時間。換算一下，一天工作8小時，表示有6.4小時是在有效工作，保守一點算是6小時吧！其他20%的可用性，是花在所謂的PFD上：P指個人（personal）——每個人都需要休息一下；F指疲勞（fatigue）——人只要一疲倦，生產力就會降低；D指延遲（delay）——人們有些時間是花在等待接手別人傳過來的工作、等待補給或是上頭的指示等。

　　不過根據經驗顯示，工作可用性會達到80%時間的人，幾乎都是被「綁」在工作場所的那些人，譬如在工廠的作業員，以及從事重複性工作的其他人員，像是處理保險求償工作的人（即使是這些人也一樣四處走動）。至於知識工作者，你就別期待他們一天會有80%的時間從事有生產力的工作了。數據顯示，他們通常只有接近50%左右的可用性，有時還可能更低呢！我認識的一家公司做過一項時間研究，想知道員工每個小時裏，花了多少時間在自己的工作上，研究時間為期兩週。結果他們發現，公司員工只有25%的時間真正花在專案工作本身，其他的時間都耗在像是：開會、專案之外而又不得不解決的事、很久以前做過現在又回到手上的某項工作、為明年做預算、處理客服事宜，還有其他一籮筐的狀況。

　　大多數的專案管理軟體，都可以讓你明確輸入完成任務

所需要的工作時數，以及一天當中每個人從事該項任務的工作時數百分比，最後再將這些估計值轉換成行事曆上的時間。舉例來說，若有人每天只有一半的時間能夠參與你的專案，而他所從事的任務，預計實際作業時間需要花上二十個小時，所以若要完成他那一部分的工作，需要一個星期或更長的時間。

了解成員參與專案工作的可用性十分重要，否則一定會排出一份比不排更糟糕的時程表。我說更糟糕的意思是因為這份時程表的專案完成時限較短，必定會產生誤導的效果，最後這家公司肯定會有一場大災難。先研究一下工作時間和可用性，然後再開始排時程。如果後來有人不認同時程表，覺得其中有很多時間是耗費在與專案無關的活動時，可以再藉由移除掉那些具破壞性的活動來矯正問題。

通常的解決辦法是，人們必須加班趕工，才能做完專案工作，原因是白天有太多的瑣事要處理。問題在於研究發現，加班對生產力的影響其實是非常負面的。短期的加班還好，如果演變成長期現象的話，組織一定會出問題。

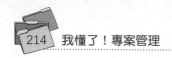

重點整理

◆ 排時程時你應該先忽略資源供應的限制性。如果兩項任務
  邏輯上可以同時進行，就先把它們平行畫在一起。

◆ 要徑是耗時最長的那條路徑，而且其中沒有浮時。請注
  意，如果你選擇一條專案裏最長的路徑，但是其中有浮時
  的話，那仍然不是一條要徑。

◆ 一個工作天當中，沒有人可做到超過80%以上的時間從事
  有生產力的工作；其他20%以上的時間會花在個人時間、
  疲勞和延遲上面。

問題與練習

請依圖9-9的網路圖,計算出各項活動的ES、LS、EF、LF,以及非要徑中各活動的可用浮時為何?要徑中的活動有哪些?參考答案請見書後所附「問題與練習解答」。

圖9-9 網路圖練習

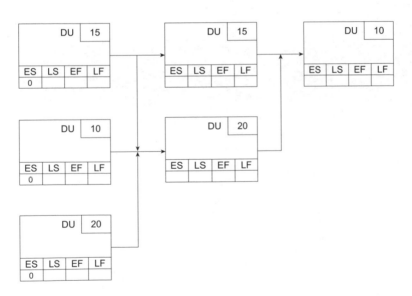

第十章　專案控制與專案評估

Project Control and Evaluation

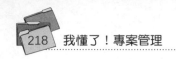

從前面進行到這裏，所花下的每一分努力都只為了一個目的，就是要做好專案控制。專案經理必須妥善利用組織資源，完成預期的關鍵性成果。

控制（control）這個字有兩種意義，在今日，使用這個字的適當意義是一件重要的事。控制的第一種意義是代表操縱、權力與命令的意思。透過行使這項權力，我們可以控制人和事情。當我們行使這項權力時，我們叫某人：「跳！」他會回答：「遵命！請問要跳多高？」這種控制方法在過去還管用，但是今天可就不太適用了。

我先前說過，專案經理人的責任通常都很重，但是相對的權力卻很小。讓我們檢視看看，這樣的現象會不會造成什麼問題。

我問過幾位公司總裁和副總裁：「在座各位都擁有相當的權力，你們覺得使用這些權力，可以保證讓人們完成你要他們做的事嗎？」結果這些經理人全部異口同聲地回答：「別傻了！」

我又問：「那你們認為怎麼樣，才能讓別人完成你要他們做的事？」

他們回答：「我們最後討論的結果，是要別人自己想做才行。」

我再問：「那你們的權力用在哪裏呢？」

得到的回答是：「只能用來批准別人所要做的事罷了。」

所以我們發現，擁有權力並不保證你能夠讓人聽話，做你要他們做的事，最後還是要他們自己願意做才行。意思是你必須了解足以讓他們去做的動機是什麼，這樣才能影響他們去做你需要完成的事。

第二種權力與單方面採取行動有關，也就是做事之前不必事先獲得批准。照這個解釋來看，一般的企業組織中會產生不少的問題。我和一些專案經理談過，他們手邊的專案預算動輒數百萬美金（其中不乏單一案子的預算就高達三千五百萬美金），但是所有的費用都還要再經過批准。假如專案計畫和預算，在事前都經過授權批准了，那為什麼專案經理在計畫核准限度之內的花費，還要再請求批准一次？除非與原計畫有出入，才需要就變動的部分呈上批准，然後再修訂專案計畫，以反映那些變更，不是嗎？

不過從另一個角度來解讀這個現象，專案經理在進行批准手續的同時，一方面好像被告知：「我們絕對信任你可以妥善運用這三千五百萬。」另一方面卻也同樣得到暗示：「不過，你花任何一塊錢都得要有上級的批准才行。」這種現象同時包含了正反兩面訊息，正面的聲音是：我們信任你；反面的聲音是：你很可能亂花錢。你猜哪一面的聲音會響徹雲霄？答對了，反方！

---KEY POINT---
權力有兩類：一類是管制人的力量；另一類是做決定和行動自主的能力。

---KEY POINT---
負面訊息總是強過正面訊息。

　　一個很有趣的現象是，我們常常抱怨公司裏的人沒有擔當又不負責，所以自然地，我們就用對待不負責任員工的方式來對待他們，而且一邊還在想：他們為什麼這麼不負責任呢？

　　控制的第一種意義和權力有關，而另一種意義有比較明確的定義。這個定義我們在前面的章節介紹過，亦即：控制是當專案實際執行的成效與預定的成效有偏離時，將目前的進展和原先的計畫做比較，藉以採取矯正措施的行為。這個定義暗示控制的主要內涵是「資訊運用」而非「權力」。我們現在所談到的，是和管理資訊系統有關，事實上，這也是做好專案控制不可或缺的要素。

KEY POINT

控制：當偏差發生時，將實際進展和專案計畫做比較，而得以針對偏差採取矯正措施。

　　不幸的是，許多企業組織的管理資訊系統雖然被用來追蹤存貨、銷售，和製造人工，但就是沒有用來追蹤專案進展。所以只要是有關追蹤專案進度的事項，都只能用人工處理了。

自我控制的團隊成員

　　專案控制的終極境界，是專案團隊中的每一位成員，都能穩妥地控制好他自己所負責的工作。專案經理想要控制好巨觀（macro）層級，先決條件是要做好每一個微觀（micro）

層級的控制。但這並不表示專案經理大小事都要事必躬親，只要在預設的某些條件之下，每一位團隊成員都能盡力控制好自己的部分，基本上就沒有大問題。

為了要使專案團隊中每位成員都能夠達到充分自我控制的目的，以下五項條件必須清楚列出，以供成員們做為依循的標準：

1. 清楚明訂團隊成員應該做的工作，並陳述工作的目標
2. 如何進行該項工作的個人計畫
3. 任務要求的技能及資源
4. 團隊成員必須能直接掌握工作進展的實況
5. 當進度與原計畫有所偏差時，明確定義授予成員採取矯正措施的權力（這個權力不能為零！）

第一項條件，是要使每一位團隊成員能清楚知道自己的工作目標是什麼。請注意「任務」和「目標」是不同的。兩者間的差異，我們在第5章提過。先向團隊成員陳述目標，必要的話，再解釋訂定此目標的目的何在，如此一來就可以讓這個人以自己的方式去追求目標。

第二項條件，是要使每一位團隊成員有一份個人計畫，知道如何進行工作。記得我們前面說的嗎？沒有計畫就無法控制。這個原則，不管是應用在整個專案或是個別任務，都恆為真。

第三項條件，是要求參與工作的人都有充分的技能及資源供應。有關資源的要求很明顯，不必多說。但是對於參與的個人，如果缺乏必備的技能，就要先受訓才行。當然，如果全部的員工都缺乏此項技能時，就有必要讓團隊成員接受集訓了。

第四項條件，是要成員直接得到任務成效的回饋。如果這些回饋是從別人那裏間接得到的，這位主事的成員將失去自己控制的能力。舉個例子，如果整個專案是要造一堵牆，他必須能夠自己測量牆的高度，看看和原本計畫的牆高是否相符，以確保專案有按照原訂計畫進行。

第五項條件，是成員需要有相當授權，在專案進度與原計畫有偏差時，能立即採取矯正措施。注意一定要有這項權力，假如每一次的修正都要請示專案經理後才能行動，等於完全由專案經理來控制。況且如果每個人、每件小事都要經過許可的話，專案經理肯定很快就累死了。

專案控制系統的特色

控制系統的焦點必須放在專案目標上，也要確保專案使命能順利達成。所以，控制系統應該奠基於下面幾個問題來設計：

▶哪些東西對組織很重要？

▶我們想做什麼？

▶工作中有哪些方面最重要，而且需要持續追蹤和控制？

▶專案進行過程中，有哪些關鍵點是必須掌控的？

重要的項目需要控制，換句話說，被控制的項目應該是重要的。然而，如果對預算和時程重要性的強調，已經大到可以不將品質列入控制考量，結果將會是專案準時完成，而且沒有超過預算，但是卻犧牲了品質。專案經理人必須小心監控成效，要保證品質有一定的水準才行。

採取矯正措施

控制系統的焦點應該要擺在「反應」上，假如控制資料提出後，沒有後續的任何行動，這樣的系統是無效的。意思是，如果控制系統並沒有利用偏差量（deviation）的資料，去主動採取矯正措施的話，那麼這個系統充其量只能稱為監視系統，而非真正的控制系統。這就像你開車時發現走錯了路，卻沒有設法走回正確的路，那便是沒有在控制方向。

然而還有一件事需要注意：有次一位專案經理發現事情有偏差時，他慌了手腳，馬上就一頭栽進去，想要親自解決

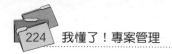

細節問題，結果不但沒幫上忙，反而妨礙到原本可以輕易解決問題的人，讓事情變得更複雜。如果他能讓原來的主事者自己解決問題，事情將會容易處理得多。

及時反應

　　對控制資料的反應一定要及時，如果反應過慢便失去效果，通常會造成嚴重的問題。有時關於專案現況的資料，會拖延 4 到 6 週才出來，使你連想採取矯正措施的機會都沒有。理想上有關反映專案實況的資訊，應該是及時反映的最好，但是如果實際上不可能做到的話，對大部分的專案來說，一個星期做一份專案現況報告，及時性應該還是夠的。

　　話說回來，如果你想知道工作人員到底花了多少小時在你的專案上，並比較真正的工作時數和預計所花的時數到底差多少，那你就需要一組正確的資料了。但是有些時候，人們所填的每週工作時數報告，並不是每天按時填寫。這樣一來，其中就有很大的想像空間了。老實說，你有辦法正確記得一個星期前，曾經做過某件事的正確時數嗎？

　　要讓參與專案的人每天記錄當日工作時數，蒐集後成為有用的資料，的確不容易。

—— KEY POINT ——
人們如果一星期填一次工作時數報告，而不是一天一次的話，那他們是在編造虛構的內容，這種編出來的資料幾乎比不寫還糟糕。

這樣做對他們來說沒什麼好處，不過在這個計畫如果你有蒐集正確的資訊，將來在做估計的時候，會更準確一些。不管什麼情形，你需要的是正確的資料，假如蒐集來的資料只是應付了事，而非正確數據的話，那乾脆不用蒐集算了，免得浪費時間。

若時間拖延太久才去蒐集資訊，管理者最後會讓事情變得更糟糕而不可能變更好。其實回饋系統延遲一直是系統理論家最津津樂道的話題。各國政府常常想控制通貨緊縮及通貨膨脹，不過有時候由於拖太久抓不準時機，以致於原本應該採行的因應措施，反而變成讓經濟情況雪上加霜的錯誤步驟。

另外一個有關控制的重點是，如果每一位專案團隊成員都能實施適當的控制方法，那麼每週報告對他們來說，就只是一份檢驗項目和剩餘進度的清單罷了，而這也是我們最樂於見到的情形。

設計正確的系統

一套控制系統，不可能適用於所有的專案，我們常常需要依照專案大小不同做適當的修改。通常適合大型專案的控制系統，會造成小型專案有太多文書作業；但是適合小型專案的控制系統，會不敷大型專案使用。

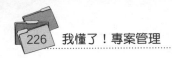

遵行KISS原則

　　KISS的意思是：「笨蛋！越簡單越好！」（Keep It Simple,
Stupid!）能夠花最少的心力在控制上，而達到相同的目的，
就是最應該採用的控制系統。任何非必要的控制資料都應該
刪除掉，但是正如剛才所提到，我們也不要犯下一項常見的
錯誤，就是使用過於簡單的系統，去控制複雜的專案。

—KEY POINT—
沒有一個問題是大
到或複雜到沒辦法
閃開的。
──花生家族史奴比
漫畫的主角查理·布
朗（作者查爾斯·舒
茲）

　　想要讓控制變得簡單，有個不錯的方法
可以嘗試：定期檢查一下，報告對於收到的
人來說到底有沒有幫助。有時候我們看自己
寫出來的報告，總認為其中的資訊對其他人
應該有用處。但是，如果收到的人根本沒有
利用這份報告的話，我們肯定是在開自己的
玩笑。如果你想了解事實是否果真如此，試
試看在報告裏面附上一則簡單的備忘錄，問
收信人以後還想不想收到你寄給他們的報告；如果他們沒有
回音，就表示他們不想收到，那麼你就可以把他們的名字從
寄件群組中刪去。這樣做的結果是，你可能會很驚訝地發
現，你的一些報告根本沒有人在利用，所以類似這樣的報
告，以後根本不必再寫了。

專案檢討會議

我們可以從兩方面來看專案控制：一是維護，二是改善績效。維護性檢討的目的，只是試著要使專案依原軌道行進；而改善性檢討的目的，是嘗試幫助專案團隊能有更好的成果表現。為了要達到這兩個目的，以下列三點為主題的檢討會議（review meetings）應該定期舉行：

1. 現況檢討
2. 過程或經驗學習檢討
3. 設計檢討

現況檢討與過程檢討是每個人都要參加的，至於設計檢討，則針對像是設計軟體、硬體或是從事某種活動的人而設，例如行銷活動。

現況檢討重點在維護專案，以PCTS（成效、成本、時間、範疇）四項條件來衡量，找出專案現況為何。除非知道專案目前在這四項條件的達成值為何，不然你不會清楚自己在哪裏。這個主題我們將在第12章裏討論。

過程的意思就是做某件事的方法。有一點可以確定的是，過程肯定會影響到任務的成果表現。換句話說，做事的方法會影響結果。這樣說來，過程改善就是每一位管理者的工作了。下面我們會談到這個主題。

專案評估

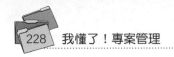

——KEY POINT——
評估：決定或判斷
其價值。
—— *The Random
House Dictionary*

　　根據字典對評估（evaluation）這個詞所下的定義來看，我們評估一件專案，是要判定整個工作狀態可否被接受；也就是從客戶的角度來看，一旦專案完成，能否達到客戶預期的價值。所謂專案評估就是將實際工作的進展與成效，與原先規畫的進展與成效做比較。這樣的評估，可以做為管理階層決定如何進行專案的基礎。評估標準對每一位專案影響所及的人，都一定要有公信力，否則任何決定都會缺乏有效性。專案評估的首要工具，是專案過程檢討（project process review），通常會在專案存續期間的主要里程碑處，舉行這類檢討。

專案評估的目的

　　運動員藉著不斷檢討而獲得更好的成績，他們會檢討出賽的影片，看看自己有什麼地方需要改進。換句話說，檢討的目的有二：一是藉由檢討習得教訓，以避免將來再次失敗；二是繼續保持優點。所以這類型的檢討，應該稱為*經驗學習*或*過程檢討*。

　　我盡量避免使用「審查」這個字，因為誰會喜歡被審查

呢？以前的審查官專門在抓做錯事的人，抓到後再施以懲處。想想看，如果你四處搜尋、審查別人的話，人們的反應一定是東躲西藏，結果是一些真正能夠幫助公司學習和成長的重要事情，全部被他們隱藏起來了。

正如戴明博士在《轉危為安》（*Out of the Crisis*，中譯本經濟新潮社出版）一書中所指出的，今天世界上有兩種公司存在：一種是越來越好的，一種是準備要倒閉的。至於站在原地不動的公司，是屬於準備要倒閉的那種，只是它自己不知道罷了！

為什麼？競爭是永遠不會停下來的，新的東西不斷產生，其中有一些可能比你的東西更好，如果你不進步，那就只有被超越的份，如此一來，很快地你的市場就會全沒了。

公司內部也是一樣，你不能只著重改善製造部門，每一個部門都必須要革新，其中當然也包括進行專案的方法在內。

事實上，好的專案管理絕對可以提升你真正的競爭優勢，特別是在產品開發方面。如果你的專案管理很草率，那你的開發成本一定沒辦法控制好。這表示你必須賣出很多

KEY POINT
好的專案管理可以提供競爭優勢。

產品，或是提高利潤率，才能夠彌補開發成本，使得整個專案不致於虧錢。

另一方面，如果你的對手成本控制得很好，那麼他就可

以用比較優惠的價格，而還是有把握回收投資成本並賺錢。因此，由於對手在專案工作的控制方面做得比你好，他就比你更具有競爭優勢。

　　此外，人們也需要從回饋中學習經驗。就像球隊需要從比賽的影片中不斷檢討，才能夠有所收穫。專案的最後一個階段應該是全部過程的總檢討，專案管理者需要從中習得需要改進之處。然而，這種過程檢討不應該只有在專案結束後才舉行，專案進行中的主要里程碑處，或是每三個月，都應該要有過程檢討，如此才能在專案工作進行過程中，不間斷地學習。特別是當專案陷入重大麻煩時，過程檢討一定要把難題攤開來討論，這樣才能明智地決定工作是否要繼續，或是乾脆結束掉。

　　以下是定期舉行專案過程檢討的理由，在這樣的檢討會議上，你應該能夠：

KEY POINT

透過回饋，我們才能學習。況且，我們總是從錯誤中學習到更多，雖然痛苦，也得承認這個事實。

▶與專案的管理階層共思改善專案成效的良方。

▶確保專案工作的品質沒有在時程和成本因素的考量下遭到犧牲。

▶及早提出問題，並採取因應對策解決。

▶指出本專案與其他專案不同之處，以及應該採行的不同處理方法。

▶告知客戶專案的現況，同時確保專案完成後，能夠完全符合客戶所需。

▶為了專案團隊成員的利益，再次確認公司對專案所做的承諾。

舉行專案過程檢討

理想的專案過程檢討，應該要由中立人士來擔任檢查員，才能對相關資訊做出客觀的評議。但先決條件是，專案過程檢討會中所需營造的精神，應該是以經驗學習為主，絕對不要演變成充滿責難與懲罰氣氛的鬥爭大會。人們一旦害怕成為箭靶，自然就會把問題盡可能隱藏起來。

> **KEY POINT**
> 過程檢討會如果辦得像批鬥大會，自然就會有罪人產生。

即便如此，要做到開誠布公還是很難。很多公司經年累月瀰漫在譴責氣氛中，以致員工們根本不願意扯掉「專案成效滿分」的假面具。阿奇里斯博士（Chris Argyris）在他的《克服組織防衛》（*Overcoming Organizational Defenses: Facilitating Organization Learning*）一書中，描述了企業組織行之有年的弊端：每個人都想辦法給別人面子，或是避免讓人下不了台。最後的結果是，組織內再也沒有任何學習成長的空間。

有兩個問題需要在檢討會上提出：第一，到目前為止，

我們有什麼做得很好的？第二，未來我們有什麼想要做得更好（或改進）的？

　　請注意我沒有問：我們有什麼做得很爛的？如果這樣問問題的話，一定會讓每個人的防禦心馬上變得超強，因為這會讓人誤以為，接下來你準備狠狠修理做出這些爛事的人了。另外一點，總是有可能誰都沒做錯事，不過凡事也總是有改進空間。

　　最後，檢討的結果要公開出來，否則企業組織裏唯一受益的，只局限於開會的那些團隊成員而已。如果其他團隊的人也能夠學習到同樣的東西，便可以同樣受益。下面我們會討論，報告內容應該要包含些什麼。

專案過程檢討報告

　　每家公司對過程檢討的詳盡程度要求各不相同，從完全詳盡、部分詳盡到較粗略與不正式都有可能。若是完全詳盡的正式檢討會，會後應該會有一份正式會議報告出來，內容至少應該包括以下幾個項目：

　　一、專案現況。想知道專案現況為何的最佳工具，就是實獲值分析法（earned value analysis），我們會在第 12 章介紹它。然而，即使不用實獲值分析法，也必須要求現況報告盡可能詳實精確。

二、未來狀況。也就是對專案未來預期會發生的情況所做的預測。對時程、成本、成效或範疇這幾項，預料是否會有大幅變動？如果真是如此，報告中就得說明變動的本質為何。

三、關鍵任務的現況。報告中也應該描述關鍵任務的現況，特別是位在要徑上的任務。還有對於具有高度技術風險的任務，以及牽涉外包或外部供應商等專案經理難以完全控制的任務，都要特別注意。

四、風險評估。舉凡可能造成金錢損失、專案失敗、或引發其他債務責任等問題的任何已確認風險，報告中都應該提及。

五、與其他專案相關之資訊。本專案過程檢討會中，所習得的經驗或心得，若對其他正在進行或即將進行的專案有益處者，也應該記載於報告之中。

六、過程檢討的限制。報告中應該提及，可能限制過程檢討會議有效性的任何因素。例如：假設條件是否不可信；資料是否遺失或不正確；是否有人不願提供過程檢討所需之資訊。

一般來說，專案過程檢討報告越簡單、越直接越好。資訊應該整理得有條理，以便在比較原訂計畫和實際進行的結果時，可以一目瞭然。偏差量過大時，應該特別標示出來，同時應該做解釋。

重點整理

◆ 對專案經理來說，控制的意義之所以重要的原因，是因為它關係到資訊的運用，將實際的進展與原計畫做比較，對其間偏差的部分採取矯正措施，使其回歸至原計畫的設定目標。

◆ 控制專案的唯一方法，是每一位專案團隊的成員，都能確實控制自己手上的工作。

◆ 控制專案所付出的努力應該是值得的。舉例來說，你不會想花100美元去購買僅值3美元的電池。

◆ 如果你不採取行動去處理偏差問題，那麼你的系統只不過是個監視系統，而不是一個控制系統。

◆ 專案工作時數必須每天做記錄。如果人們等到一個星期後才一次記錄，那他們只是憑記憶大概寫下曾經做過些什麼，這種資料無法提供做為未來估計之用。

◆ 專案評估是用來決定一個專案是否要繼續或是取消的工具。專案過程檢討會議也應該要幫助團隊成員學習經驗，進而改善工作成效。

第十一章　變更控制流程

The Change Control Process

若缺乏某種控制變更的方法，即使是思慮最周延、最有效的專案計畫，也會變得毫無用處。正如你努力盡心投入於規畫，會直接影響到專案的成敗那樣，建立變更控制流程也會產生同樣的效果。「PMBOK®指南」在提到變更流程時指出：「執行專案工作碰到問題時，必須提出變更請求，對專案政策或程序、專案範疇、專案成本或預算、專案時程、或專案品質做出必要的修正。」若沒有讓專案計畫保持在最新狀態，你就等於沒有計畫一樣。最初當作基準線的計畫（比較基礎）變得無效，應付專案目前的處境也不再有效果。

KEY POINT

變更控制流程可以給你必要的穩定性，讓你得以在整個專案生命週期裏，對於會影響專案的諸多變更進行管理。

變更控制並不容易辦到，而且牽涉到變數、主觀判斷、門檻和簽核。變更控制流程可以給你必要的穩定性，讓你得以在整個專案生命週期裏，對於會影響專案的諸多變更進行管理。若不加以約束，專案計畫的變更會造成範疇、時程與預算顯著的不平衡。專注於管理與控制變更的專案經理，會發展出功效強大的武器對抗範疇潛變（請參閱第3章）。一旦發生變更，專案經理就有能力評判變更對專案造成的整體影響，據此做出必要的回應。

變更控制不可能憑空就辦到。當專案經理回應變更並做出調整時，專案計畫必須隨之修訂，然後分送給事先設定好

的利害關係人。這些利害關係人通常是在專案溝通計畫中加以確定的。除了確認利害關係人之外，此變更控制計畫也設定了適當的溝通途徑、資料散播對象的多寡程度、以及專案團隊應該遵守的一般指導原則或協議。這是整個專案計畫的不同部分，彼此之間如何互補的一個絕佳範例。應該出現在告知或分發清單上的典型利害關係人，包括專案盟主（project champion）、團隊成員、功能部門主管、支援人員、精選的外部供應商、以及法務人員。如果專案有硬性規定的話，還可能會牽涉到其他利害關係人。

變更的來源

變更必定會發生。當事情考慮得更周延，也變得越來越複雜的情況下，自然而然就會發生變更，這樣的變更經常是有益處的變更，應該受到歡迎。專案還是專案，本質並沒有什麼不同。不過當變更發生了，卻沒有評估變更對專案造成正面或是負面影響時，問題就會產生。視專案性質而定，變更的來源在種類和數量上可能有很大差異。考慮你現在正在從事的專案，什麼因素會導致你修改計畫或做調整？在某些專案中，可能是顧客或公司內的部門強迫專案做修正；而對於其他專案，變更可能來自所有可能的方向。圖11-1以圖示為例來說明這個觀念。

圖11-1 三重限制三角形

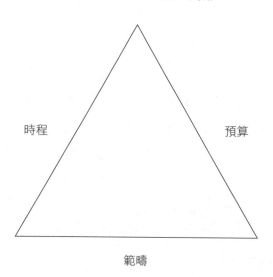

時程

預算

範疇

從圖中可以看出，三重限制（triple constraints）三角形的每一邊代表一項關鍵性的專案限制因素，它們分別是範疇、時程和預算。變更的源頭往往和三角形的一邊或多邊有關聯。專案的品質是固定不變的，而且總是應該將品質當作變更控制可能的來源與焦點。範疇變更指的是影響專案交付標的（deliverable）的那些變更。當變更衝擊到這個三角形時，專案經理要對計畫做出必要的調整，使三角形保持在平衡狀態。不然的話，三角形的一邊或更多邊會變傾斜，因此造成不平衡。此時要成功

KEY POINT
變更的源頭通常和範疇、時程與預算所構成的三角形其中一邊或多邊有關聯。

地完成專案,需要額外的工作。影響三重限制的典型變更來源舉例如下,但不僅止於這些:

範疇

▶其他專案由於互相合併而加入

▶客戶的要求有所改變

▶市場形勢有變化

▶技術上遭遇問題

時程

▶交付日期提前

▶來自競爭對手的壓力增加

▶客戶要求提早交付

預算

▶管理階層挪走20%的專案預算

▶原物料成本上漲

▶需要增加一位團隊成員,才能在專案期限內完成專案工作

　　了解並確認你的專案可能的變更來源,可讓你維持一種主動積極的態度。在變更控制流程中你需要做一項決策,那就是決定是否要處理變更請求,然後找出使專案繼續進行的

最有效方法。有些決策相當容易，例如：顧客要求一項合理的設計改善，或者專案盟主將專案的優先順序往後排，使要求的交付標的延後三個月才交付。但是大多數的專案是：處理變更之前，很多變更請求必須經過艱辛的評估、分析與許多人的批准。特定的變更是否會提高專案計畫的價值，或僅僅只是表面上的調整，一開始未必能明顯看出來。正式的變更控制流程是專案經理真正的好朋友。後面將會提到，因為變更的灰色地帶經常隨著專案的開展而形成，有了正式的變更控制流程，就可協助專案經理看清這些灰色地帶，而知道如何去做因應。

變更控制流程的六個步驟

變更控制流程可能隨專案的不同而有所不同，但是通常包括一些重要的強制性步驟。以下概略介紹典型的專案變更控制流程中，所發現的六個常見步驟。會直接影響這些步驟如何實施的因素，包括企業組織的文化、程序和專案類型。專案經理一般會接收到來自請求實體（個人、部門或顧客）的變更請求。此時很重要的一件事是，專案經理要確認是否專案計畫為最新版本。因為在處理變更時，我們要根據專案計畫來衡量變更所帶來的影響，並據此做出調整，所以請把做為基準的專案計畫維持在最新狀態。

第1步：將最初的變更控制資訊放入變更控制紀要中。

　　將最初的變更控制資訊放入變更控制紀要（change control log）中，其中包含請求變更及處理變更，所採取的所有行動之摘要。一份詳細的變更紀要，在專案完成時可當作專案的發展演變紀錄（請參考圖11-3）。

第2步：判定是否應該處理變更。

　　專案經理要判定是否應該處理變更，就像是專案的守門人一樣。我經常碰到只要有人請求變更就接受變更的專案經理。若變更不具意義，亦即當變更無法增加價值，或基於其他理由不應該處理時，就應該回絕變更。釐清變更請求的緣由或正當理由，可協助你做出合理的決策。若變更遭到拒絕，則要將此事實記錄下來，並停止變更控制流程。若接受變更，就要開始評估變更對專案計畫所造成的影響。評估時通常會問這個問題：「變更如何影響範疇、時程與預算所構成的三角形各邊？」

　　評估影響時，也應該考慮專案的品質、目標和其他要件。請準備好實施變更控制流程的建議，然後填好變更控制表格。

第3步：將建議交給管理階層和顧客，以供審查和批准。

　　需要經過審查和批准的建議，應該交給管理階層和顧客來審核，其中包括對於專案所造成的影響之評估。另外，如

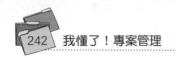

果必要，也應該得到另外的核准，例如功能部門主管的核准。當接收到這些利害關係人的評論後，就要做適當的修正。

第4步：更新專案計畫書

請別忘了更新專案計畫書！在專案環境匆忙慌亂的步調下，有時候可能會忘掉這件事。專案經理要在這個步驟建立新的專案基準線。更新過的專案計畫就會變成現行的計畫。

第5步：分發更新過的計畫書。

如同先前所提過，分發更新過的專案計畫書時，溝通極為重要。專案經理要利用這個步驟來保證，所有利害關係人都知道有變更，也知道調整過的基準計畫，例如：修訂7版。若分發清單不完整，專案團隊與一部分的利害關係人之間就會產生資訊不對稱。想像一下你的專案團隊正在從事修訂3版，而加州辦公室卻在忙於原本的計畫（對我來說這是一段很糟糕的記憶）。

第6步：依據修訂後的計畫書監視變更並追蹤進展。

變更活動所帶來的影響可能不大也可能很嚴重，可能是正面也可能是負面。請別忘記檢查專案三角形，確保這個三角形維持在平衡狀態。

組織文化會影響專案經理如何建立變更控制流程，也影

響他如何管理專案變更。請保持一定的彈性。我經常問我的研討會參與者，他們是否有現行的變更控制流程來引導他們。有些人說有，但是大部分的人都說沒有，這個事實和我自己的經驗互相印證。我從國防產業（有紮實的專案流程）轉換到成人學習環境（較少流程）時，我需要做一些調整。若專案經理所面對的環境沒有變更流程存在時，這既是好消息也是壞消息。困難點在於建立變更控制的同時，還要面對抗拒變更和普遍的冷淡態度。大家都不想在任何文件上簽署，也不太支持決策過程。面對這種情況，無論如何專案經理都應該堅持做下去。透過這些變更來維持對專案的控制，對於專案經理相當重要。若無法得到利害關係人或部門主管的簽署，則將部門主管或利害關係人的姓名寫在變更控制表格上，並記下日期。這是一種控制機制，而不是「我逮到你的把柄」的證據。

專案經理的責任是要對抗範疇潛變，並保持三重限制三角形在平衡狀態，同時使變更受到控制。這是你維護你的專案的必要工具。缺乏任何流程的好消息，正是缺乏任何流程本身。你可以照自己的意思建立專案變更控制流程，因為沒有別的變更流程可以取代你所建立的流程。沒錯，建立流程相當耗時，也有很多工作要做，但是所得到的回報是擁有按照你的風格量身訂作的變更流程。

若是專案經理處在有既定的變更控制程序的環境下工

作，那就直接採用這些程序就好。但是大部分的情況是，這些程序是用來管理產品（例如在資訊技術部門或研發部門裏）的變更，而不是用來管理專案的變更。專案經理務必要採用顧及整體的方式來控制變更，並且要聚焦於專案本身。

變更控制表

變更控制表是變更流程的控制文件。這份文件是專案經理的一項工具，用來確認、評估、並在必要時去處理影響專案的變更。總之，變更控制表讓專案計畫保持在最新狀態。一旦接受請求的變更，就應該完整地填寫這張表。資料填寫不僅只是做記錄而已，還要加入分析、估計，以及和團隊成員、利害關係人與主題專家共同合作的情形等資訊。沒有這張表或類似的表格，就形同沒有流程，因為並沒有控制存在。

KEY POINT
變更控制表是變更流程的控制文件。

圖11-2是一張非常完整、詳細的變更控制表。重點是隨著專案日益開展，專案經理要在管理變更時檢討這張表格，並按照自己得知的需求調整表格。你可能需要簡化這張表，或者想擴充某些部分，這完全取決於你。若文件太過繁瑣，那就會失去效率；若太過簡化，則可能漏失關鍵資料。

圖11-2　專案變更控制表

專案代號：710　任務代號：16　修訂版次：1　修訂日期：8/13/2011

目標陳述：
在2011年12月31日之前，將會計部22個人搬遷到同棟建築物內重新修繕過的適當地方。

變更描述：
第2號地點要到8月21或22日才能夠做評估，這會導致評估所有地點的工作延遲兩天。這項變更可能不會導致專案延遲，但是可能使最後地點的選定決策延後一天。

變更的原因：
由於重要的公司規畫會議會在第2號地點處召開兩天，使這處地點無法供人做審查與評估。

時程變更資訊

任務代號	任務	原始開始日期	原始完成日期	新開始日期	新完成日期
16	評估第2號地點	8/15/11	8/20/11	8/17/11	8/22/11

預估成本：

核准

專案經理：Mr. Bill Boyd	日期：8/11/11	
任務主管：Mr. Dan O'Brien	日期：8/12/11	
部門主管：	日期：	
資深主管：	日期：	

　　摘要資料擺在表格最上方，包括專案代號、修訂版次和修訂日期。我總是會在我的變更文件中加入目標陳述，來保證文件之間的連貫性，同時消除不確定性。變更可能產生不確定性，而不確定性會造成困擾。在典型的專案中當變更增加時，請在變更控制表中加入原始的目標陳述，這樣一來利害關係人就不會疑惑，目標是否會因為最近的調整而變更。若變更造成的影響夠顯著，那就可能需要議定新的目標陳述，並依據變更控制表的內容做溝通。恰當的做法是對變更做簡短的描述，而且也應該說明變更的原因。舉例來說，在容易發生變動的專案環境中，7個月當中專案歷經了37項變更，任誰都很難記得團隊為什麼要做出第2項變更。如果你還同時管理其他五個專案，你就能看出多加了目標陳述這項控制要件，會帶來多麼大的幫助！變更原因也可當作對系統的檢核，以保證實施變更後可產生附加價值。

　　時程變更資訊和預估的成本，帶領我們重新回到三重限制三角形。變更預期會對專案時程和預算造成多大的影響，專案經理要量化這些影響，這點非常重要。對於圖11-2的變更控制表，有些專案經理偏好放入較少的細節，但是會記下整體的時程延遲或節省下的時間，藉此將影響量化。該怎麼做完全由你判定，但是通常這取決於個人作風、組織文化、專案類型等因素。有時候，估計的成本會是已經兌現的實際成本，或是收到的供應商報價。同樣地，該怎麼做也會取決

於和變更相關聯的所有變數。

　　一份有效的變更控制表，顯然對專案控制相當重要，但是在其他場合也可能派得上用場。

　　我的一位同事是美國管理協會（American Management Association International; AMA）的專案群主管。他的直屬主管負責一個課程修訂專案，問他是否能將 Train the Trainer 課本25%的內容變成彩色。他告訴她因為生產成本太高，這可能不是個好主意。當她帶回一份經過適當核准的更合理請求時，他同意這項變更，並算出對預算造成大約1萬美元的影響。在之後的指導委員會審查，有委員提出了預算增加的相關問題。他早已料到會有委員提出這個問題，於是拿出下一張投影片，這是一份變更請求表的副本，副本中已經有兩位委員會成員簽名了。這下子他不需要吃阿斯匹靈當止痛藥，就能使變更順利進行。

啟動變更的門檻

　　變更要多大，才足以啟動變更控制流程？變更如果不夠大，是不是就不需要填寫變更控制表、獲得他人簽署、也沒必要投注額外的時間和心力？這些都是專案經理應該回答的重要問題，這些問題提供一個好機會

——KEY POINT——
變更如果不夠大，是不是就不需要填寫變更控制表、獲得他人簽署、也沒必要投注額外的時間和心力？

去考慮啟動流程的「門檻」。大部分的專案流程都需要專案
經理運用良好的專案與經營智慧。若是認為變更較小，並且
專案計畫可以吸收變更，使影響降至最低，則可以做出必要
的調整，專案也可以繼續進行下去（請參見範例1）。不過若變
更的嚴重性超過門檻值，專案經理與專案團隊就應該展開行
動實施變更控制流程（請參見範例2）。

範例1：若一個預算5百萬美元的專案，面臨一個10美元的
　　　　變更，啟動變更控制流程會是個糟糕的決策。視預
　　　　算限制與產業標準而定，合理的門檻值可能會落在
　　　　500美元。

範例2：若你的專案完成期限距離變更請求這一天還有四個
　　　　月，預估時程會延遲一週，那就應該啟動變更流
　　　　程。時程門檻值的訂定，需要根據與要徑的牽連程
　　　　度和完成期間，做出更詳細的分析。一如往常，在
　　　　決策過程當中，專案經理需要視專案環境的情況做
　　　　調整。

　　　因為大多數專案都處在經常變動的環境中，門檻值必須
保持彈性，專案經理也經常需要團隊成員或其他利害關係人
提供意見，來判定變更對專案所造成的影響。管理先前專案
的生命週期過程中，若專案經理做足功課，並投入時間和心

力，那就會處在較有利的處境，可做出更有資訊根據的變更相關決策。

變更控制紀要

我在本章前面有提過，在變更控制紀要（change control log）中登錄是變更控制流程的第 1 步。你可能預料到，變更控制紀要是另一種控制機制，其設計目的是用來確認提出的變更，並在整個專案進行過程中追蹤這些獲得核准的變更。

圖 11-3 是個範本，專案經理可視需要照著使用、加以簡化或進行擴充。若缺乏組織標準，我建議採用一種一致的全面性方法，去追蹤橫跨不同專案的變更。你可適當地加入或

圖 11-3　專案變更控制紀要

變更代號	變更日期	變更描述	提出請求者	狀態O/C	時程影響	預算影響	註解
1	8/12/11	2號地點8月21日之前不開放	Jim Morrison		2 天	N/A	

省略資訊。

正如很多專案範本，變更控制紀要的觀念雖然簡單，但卻不見得容易應用。此處自律是關鍵因素。當變更、風險與要徑的議題搞得大家暈頭轉向時，你必須夠自律地停下手邊的工作去填寫這份紀要。你所填入的很多資訊看起來似乎不言自明，或甚至相當瑣碎，但是隨著專案進展，即使最簡單的細節也可能顯得突出。「變更代號」、「變更日期」以及簡短的「變更描述」，都是必須提供的標準資訊。圖11-3所採用的方法也包括「提出請求者」和「狀態」這兩個欄位。有可能發生的情況是變更已被接受，但是預算、時程、技術、技能組合或其他東西都可能造成阻礙，使變更延後實施，或甚至阻止變更的實施。我偏愛使用O/C來確認狀態，O代表開放（open），C代表關閉（closed）。接著你應該從變更控制表擷取「時程影響」和「預算影響」的部分，必要時要做更新。很多專案經理會在最後一欄之前，加入代表範疇或目標影響的另一欄，而最後一欄是保留用來填入註解或雜項議題。典型的註解可能與利害關係人不願配合或技術問題有關，或是關於其他專案議題的評論。

專案分割

　　想想過去影響你的專案的一些極大變更。無論變更的來源是什麼，有時專案變更可能會導致分割出新專案，同時繼續執行原本的專案。由於技能組合要求、地點、預算要求、優先順序往後、或許多其他理由，有時候恰當的做法就是以新專案取代原專案。還有變更太過劇烈，而不得不將專案結束的情況。當專案經理遭受到激烈變更的打擊時，那種感受經常是不自在，也毫無樂趣可言。有時雖然一項變更不會對專案造成太大影響，但有可能幾項變更累積起來，就會對專案造成嚴重衝擊。無論何種情況，專案經理需要充分掌握變更對專案所造成的影響，以及對於你繼續進行專案所造成的影響。這項工作很像是推銷的工作，專案經理需要運用專案計畫中的充足資料來進行說服。

　　專案分割（project spin-off）通常發生在變更太過激烈，專案經理與團隊成員決定應該啟動另一個全新專案的情況。這可能起因於範疇「爆炸性擴大」，或是先前詳細介紹過的許多原因其中一項或更多原因。若新專案與現有的專案一起進行，專案經理經常會一

—— KEY POINT ——
無論變更的來源是什麼，有時候專案變更可能會導致分割出新專案，同時繼續執行原本的專案。

—— KEY POINT ——
專案分割通常發生在變更太過激烈，專案經理與團隊成員決定應該啟動另一個全新專案的情況。

併管理，這就需要協同合作與調整。若新專案由新的專案經理接管，那麼當新專案生命週期開始啟動時，上級可能會要求你去指導這位專案經理，讓他趕上新專案應有的進度。此時將這件事盡心盡力做好，符合你的最大利益。取決於個別專案的情況，你有可能必須與新專案一起共享若干團隊資源，或轉移一些團隊資源給新專案。

若新專案變成像「衛星」或子專案，則造成的影響就不算激烈。新團隊通常會直接向原本的專案經理做報告。對照之下，若新專案取代舊有的專案，專案經理可能就要轉調到其他專案。假使讓專案經理繼續管理新專案的做法有意義，那就按照管理原本專案的方式管理新專案。一切從頭開始，也就是從規畫開始，然後適當地持續歷經整個專案生命週期。此處的重點是要記錄可能對繼續執行新專案有用處的所有工作和資料。專案經理也應該細心分析，將有用處和沒有用處的事項區分開來。在某些個案中，基於技能組合要求，可能有需要置換個別的團隊成員。同樣地，視情況而定，你也可能必須招募一個全新的團隊。

身為專案經理，你可能決定應該將專案中止，那麼祝你好運。就我的經驗來說，那可能是個困難的決定，但是並非不可能。如果專案失去其價值，那就舉出事實證明。請運用資料而非情感。原因可能林林總總，但是若你已做好該做的部分，那就可以運用事實去做說服。

擁抱改變

不要畏懼專案變更，而要欣然接受變更並管理變更。若專案經理已經將自己和專案團隊投入於建立一個卓越的計畫，那麼專案變更未必是一項艱難的任務。正如範疇潛變，變更經常表示要對原本的專案計畫做出必要的調整。變更是難是易，差別在於專案經理如何管理這些變更，以協助準時在預算之內完成專案，並交出漂亮的交付標的。

重點整理

◆ 必須對變更加以控制並進行溝通。

◆ 了解並確認變更可能的來源，可協助你保持主動積極的態度。變更典型的來源包括範疇、時程與預算調整。

◆ 維持基準計畫在最新狀態十分重要。

◆ 典型的變更控制流程中，包括以下六個常見的步驟：

第1步：將最初的變更控制資訊放入變更控制紀要中。

第2步：判定是否應該處理變更。

第3步：將建議交給管理階層和顧客，以供審查和批准。

第4步：更新專案計畫書

第5步：分發更新過的計畫書。

第6步：依據修訂後的計畫書監視變更並追蹤進展。

◆ 變更控制的主要控制文件是變更控制表和變更控制紀要。

◆ 在決定你對專案變更的回應時，應該要建立啟動回應的門檻值。

◆ 專案分割通常發生於專案的變更過於激烈，專案經理和專案團隊決定應該啟動另一個全新專案的情況。

問題與練習

找出你的專案需要做出回應的一項最近的變更。運用你在本章所學到的知識回答下列問題：

1. 接受該項變更是否適當？
2. 應該啟用變更控制文件嗎？
3. 這項變更如何影響專案三角形？
4. 做出的回應應該與誰做溝通？
5. 對於這個專案，建立什麼變更門檻才恰當？

第十二章　用實獲值分析控制專案

Project Control Using Earned Value Analysis

我們控制專案過程，朝目標邁進的同時，四個最重要的條件是成效、成本、時間和範疇（PCTS）目標。此外，我們已經知道控制是要與原計畫比較成效，修正偏差或變異，並採取矯正措施使成效回歸原先訂定的目標。

如同我在第10章所提到的，現況檢討是有關專案維護或直接的專案控制，目的是要從成效、成本、時間、範疇四項變數中，看出專案現在所處的位置。當每一次檢討進展時，你都必須問以下這三個問題：

1. 我們現在在哪裏（由PCTS的觀點來看）？
2. 何時發生偏差，以及偏差發生的原因為何？
3. 如何處理偏差？

針對第3個問題，只能採取四種行動：

1. 取消專案。
2. 忽略偏差。
3. 採取矯正措施修正偏差，回歸原先規畫的進展。
4. 修改計畫，反映無法矯正的現況變化。

專案有時候會偏差到無可挽回的地步，這時最好的做法就是把專案取消掉。當然，這招不能隨便用，只有在即使投入更多金錢，也無法挽回頹勢的情形下，為避免造成更大的損失，不得已時才用。

　　至於忽略偏差的情形，是當你在可控制的範圍，偏差量小到可容忍的限制之內，則可以忽略。除非有明顯的跡象顯示，偏差量最後會逐漸增大到超過容忍範圍，否則過分計較偏差量，只會使情況變得更加複雜。

　　說到採取矯正措施，每個不同的專案各有不同的矯正措施。有時需要工作人員加班，讓專案回歸正軌；有時候也許要考慮增加人手、減少任務範疇或是更改作業程序等。你必須根據專案需要，採取必要的作為。

　　如果專案還能繼續，只是不可能循著原定計畫進行時，你可能只有更改計畫了。當然，你也可以考慮加班或減少任務範疇，因為這些措施並非原本的專案所需要做的。不過我真正所指的更改計畫，是指情況已經無法恢復，你必須修訂計畫，以顯示成本因而增加，完成日因而延期，或其他會更動原計畫的事。

KEY POINT

又是一天，又再重新歸零。

——喜劇演員 Alfalfa（Carl Switzer），咱們這一夥（Our Gang）喜劇系列

衡量進展

　　管理專案中一件最難的事，就是要實際衡量專案進展情形。當你看著地圖開車，你會注意看路標，看看現在是否照著你規畫的路線前進。對於一些定義明確的工作，例如營建

專案，測量一下磚牆的高度或是水管理了多長等動作，可以讓你清楚知道目前的進展如何；你可以從工作實際完成的部分有多少，知道現在進展到哪裏。但是對於無法明確定義的工作，而且只有部分完成，你就只能估計現在身處何處了。

　　特別是知識性工作——動腦而非動手的工作——更是如此。假設你是寫軟體程式、做設計，或是寫書的人，那真的很難判斷眼前到底完成了多少，還有多少要做。

　　很自然地，如果你連身處何處都不知道，那還談什麼控制呢？注意到我們在談論衡量進展時有用到「估計」這個字，那麼請問估計到底是什麼意思呢？

　　「就是……猜猜看。」

　　「所以我們是猜猜看，我們現在在哪裏囉？」

　　「沒錯。我們只有在完成以後，才能百分之百確定我們完成了。在此之前，我們都只能用猜的。」

　　「這種回答，聽起來很像是《愛麗絲夢遊仙境》（Alice in Wonderland）裏的對白唷！」

　　「拜託！」

　　「好！那麼控制的定義是什麼？」

　　「等等，我想一下，是……比較你現在的進展……」

　　「等等，你怎麼知道你現在的進展呢？」

　　「用猜的呀！比較你現在的進展……和……應該達到的

進展……」

「等等，那你怎麼知道，你應該達到的進展是什麼呢？」

「喔！這就容易得多了，那是計畫告訴我的呀！」

「但是你的計畫從哪裏來？」

「也是用估計得來的呀！」

「照這樣講，如果有人猜的和計畫猜的不一樣的話，我們就應該採取矯正措施，讓兩個猜的結果一樣，對不對？」

「喔……不過這是這傢伙在他的書上說的。」

「那必定是本魔法書吧！」

「好吧，那既然我們沒辦法知道自己身處於何處，那我們乾脆別管那麼多，只要照我們的直覺來執行專案就好了，對吧？」

大錯特錯！

不能因為沒辦法非常精確地衡量進展，就下結論說不必這樣做。記住，沒有計畫就無法控制。如果你不試著監督計畫並照著計畫走，你肯定無法控制專案。要是你無法控制專案，就不必談管理專案了。

————— KEY POINT —————
不能因為衡量進展很困難，就下結論說不必這樣做。除非能夠衡量進展，不然根本無法控制。

需要注意的另一個重點是，有些專案比較能精確控制誤差，例如定義清楚的工作，能正確衡量其進展，因此也就更能精確地將

誤差控制在較小的範圍。至於定義較模糊的工作（例如知識性工作），就必須有較大的誤差範圍。管理人員必須認清這一點，並接受這個事實，否則你會因為試著要控制誤差在3%之內，而痛苦不已。那就像是試著要將麵條拉成一直線，或是將果凍黏牢在牆上那樣痛苦。

衡量專案成效或品質

如果你認為衡量專案進展很困難，那不妨試試衡量專案品質吧。鋼樑上的螺絲鎖得夠緊嗎？焊接處焊得夠確實嗎？你要怎麼知道呢？

KEY POINT
每當期限緊迫，工作品質常常是最先被犧牲掉的。必須不斷注意避免發生這種傾向。

這是最難追蹤的變數，也是經常造成悲劇之處。當太多注意力都集中在成本和時程的成效上時，工作品質通常都被犧牲了，災難也就這樣發生。一些公司吃上損害賠償官司，都是由於品質不佳所導致。

儘管品質變數非常難以追蹤，專案經理仍然必須特別注意這個變數。

實獲值分析

不計成本如期完成專案是一回事，用合理的成本如期完

成專案又是另一回事。專案成本控制旨在確保專案在預算內，工作能夠如期完成，而且能保有應有的品質。

對於專案的成本控制有幫助的一套系統，稱為實獲值分析法（earned value analysis）。這是 1960 年代發展出來的方法，本來是政府在外包專案進行時，對於已完成工作的部分，判斷應不應該付錢給承包商的一套系統。由於眾所公認，這種方法幾乎可以正確監控所有類型的專案，最後政府以外的專案也都紛紛加以採用。這種方法的另一個名稱是變異數分析法（variance analysis）。

變異數分析法可以幫助專案經理判定專案的問題點所在，同時採取矯正措施。以下的定義可以幫助你了解這種分析法：

▶ **成本變異**（cost variance）：比較完成工作之實際花費，與其預定花費的成本差異。

▶ **時程變異**（schedule variance）：比較實際完成工作，與計畫完成工作的時程差異。

▶ **已排定工作的預定成本**（budgeted cost of work scheduled; BCWS）：某段期間內，預定完成的排定工作，其預計的成本，或那段期間內，預定達成的努力程度。

▶ **已完成工作的預定成本**（budgeted cost of work performed; BCWP）：某段時間內，實際完成的工作，其預計的成

本，或實際付出的努力，其預定達成的努力程度。
BCWP又稱為「**實獲值**」（earned value），是一種量測方
法，用來設算監測中的某段時間內，實際完成的工作
應有的金錢價值。

▶ **已完成工作的實際成本**（actual cost of work performed;
ACWP）：某段時間內完成的工作，實際上總共花費多
少錢或努力。

可以對變異數設定門檻值，也就是當變異到達什麼程度
時，報告必須送交給組織內的哪些管理階層。以下為計算公
式：

成本變異＝BCWP－ACWP
時程變異＝BCWP－BCWS
變異數＝與計畫的任何偏差量

結合成本和時程這兩個變異數，就可以發展出一套整合
式成本與時程報告系統。

用花費曲線做變異數分析

變異數經常使用花費曲線來繪製。從下頁圖12-1的專案
BCWS曲線，我們可以看到專案所規畫的累計花費（cumulative

図12-1　BCWS曲線

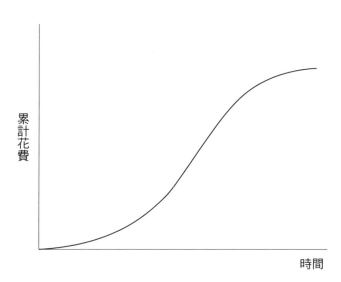

spending），有時候也稱為基準計畫（baseline plan）。

　　假使沒有可用的軟體提供必要的資料，圖12-2說明如何產生曲線所需用到的資料。先由一張簡單的時程長條圖開始，圖12-2中只有三項任務：A任務每週需要40小時的工時，平均工資為一小時20美元，所以算出A任務每週需花費800美元。B任務每週需要100小時的工時，平均工資為一小時30美元，所以算出B任務每週需花費3,000美元。C任務每週需要60小時的工時，平均工資為一小時40美元，最後計算出C任務每週需花費2,400美元。

圖12-2　累計花費的時程長條圖

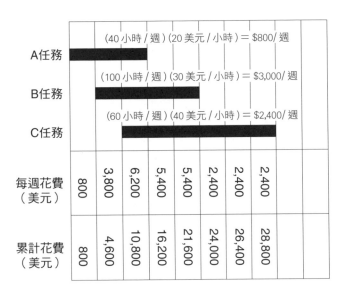

在圖表的底部，我們可以看到第一週的專案工資花費為800美元；第二週A任務和B任務都在進行，所以總共工資花費為3,800美元；第三週三項任務全部都在進行，總共花費為6,200美元。以上就是每週花費。

累計花費是把每一週花費，加上之前累計的花費總額，等於所有累計的金額。我們把這些累計花費的金額畫成圖12-3，這就是專案的花費曲線（spending curve），也就是BCWS曲線。因為這條曲線是直接從時程表導出來的，可以代表計畫中預計想要達到的成效，所以又稱為「基準計

圖12-3　樣本長條圖導出的累計花費

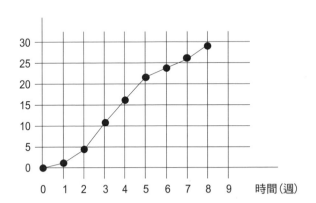

　　畫」。再者，專案是經由比較計畫實際進展和原計畫的差異來做控制，所以這條曲線也可以用來做這類比較的基準。這樣專案經理就可以從這裏看出專案現況來。下面的範例會告訴我們怎麼做這種評估。

　　考慮圖12-4的曲線。選擇一個特定日期，在這個日期的BCWS曲線上，專案預定的工資成本應為50,000美元；而完成工作部分的實際成本（ACWP）為60,000美元，這個數字通常來自會計單位，並由人員實際投入專案的所有工時統計得出。最後，完成工作部分的預定成本（BCWP）為40,000美元。在這些條件比較之下，可以知道這個專案落後時程，而且花費過度。

圖12-4 顯示專案時程落後及花費過度的圖示

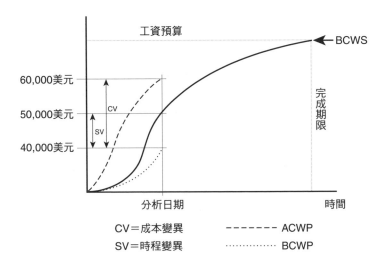

圖12-5 顯示專案時程超前及花費正常的圖示

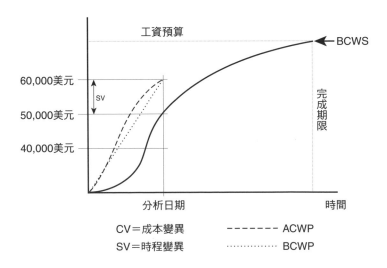

　　再來，圖12-5是另外一種版本的故事。在選定分析日期的BCWP和ACWP曲線，同樣都落在60,000美元上。這樣的結果表示專案的進度超前，同時花費的成本也等於完成工作的價值。

　　接下來兩組圖的情況又各不相同。

　　圖12-6中的BCWP和ACWP同樣落在40,000美元上，表示專案進度落後，也未達到預算花費金額。但是由於實際花費40,000美元，與實際完成工作價值40,000美元相等，所以這個專案只有時程變異，而沒有花費（成本）變異。

圖 12-6　專案時程落後但花費正常

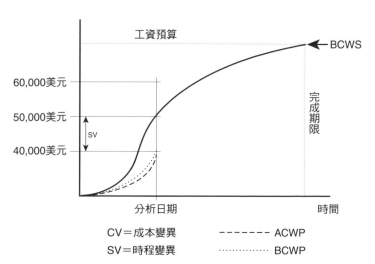

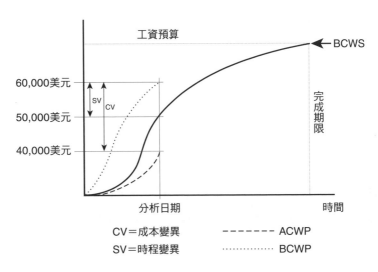

圖 12-7　專案時程超前而且花費減省

　　圖 12-7 看起來類似圖 12-4，除了 ACWP 和 BCWP 曲線的位置對調之外，其他條件都一樣。現在專案不但超前時程，而且還節省了 20,000 美元的花費。

僅用小時為單位的變異數分析

　　有些公司的專案經理，所要負責的不是成本的問題，而是實際從事專案的小時數，以及實際完成的工作。在這樣的情形下，使用同樣的分析方法，可以不必以金額為度量單位，而改以小時為度量單位。改變的結果如下：

►BCWS 改成總計畫時數（Total Planned Hours）或總預定
時數（Total Scheduled Hours）。

►BCWP 改成實獲時數（Earned Hours，實獲時數＝計畫時數
×完成工作%）。

►ACWP 改成完成工作的實際時數。

僅用小時為單位，計算公式變成：

時程變異＝BCWP－BCWS

　　　　＝實獲時數－計畫時數

工時變異＝BCWP－ACWP

　　　　＝實獲時數－完成工作的實際時數

　　只比較時數差異有一個缺點，就是容易喪失敏感度。
ACWP實際上是工資變異乘以工時變異而得出。如果現在只
注意追蹤工作時數的話，很容易就忽略工資的重要，最後可
能造成專案預算方面的大問題。不過持平而論，這種方式的
確簡化了分析時的複雜性，單純只針對專案經理所能控制的
要項追蹤即可。

回應變異

　　只察覺出有變異是不夠的，下一步要了解變異所代表的

意義，和其形成原因為何。接下來你必須決定要怎樣做才能
矯正偏差問題。前面我曾解釋過四種處理專案有偏差的方
法，至於用哪種方法解決偏差問題，就要看偏差形成的原因
為何來決定。以下是一些通則：

▶ 當ACWP和BCWP幾乎相等，且都大於BCWS（參考
圖12-5）時，通常表示專案有加入額外的資源，但是其
工資與原先預期的相同。發生這種事的可能性有幾
種。例如在你原來計畫中，考量到天候不佳，會耽誤
幾天的因素，結果在分析期間，每天天氣都好得不得
了，所以工作完成的情形比預期超前許多，但是所花
費的成本並沒有受到影響，因此進度超前了，但是花
費正常。

▶ 當ACWP和BCWP幾乎相等，且都低於BCWS（參考
圖12-6）時，通常表示與上述的情況相反，也就是你使
用的資源不夠。可能是有人混得太兇，也可能老天不
幫忙、拼命下雨，或是工作成員說好一起去度假等
等。這類情況造成的後果，通常是你加緊趕工以便追
上進度，花費也會隨著暴增。

▶ 當ACWP低於BCWS，而BCWP高於BCWS（參考圖
12-7）時，表示超前時程而且花費減省。這樣的情形發
生，多半是由於當初的估計太過保守所致（可能覺得多

估一些比較保險）。另外一種可能性，就是你走運了，工作比你當初設想的要容易得多，有時候也可能是人們比你預期的有效率多了，使你能夠超前時程。不過伴隨這類變異而生的問題通常是：你把可以和其他專案共享的資源給綁死了。經濟學家稱這種情形為機會成本（opportunity cost）。另外，如果你需要常常和其他公司競標同型專案，而你的估計總是走安全保守路線的話，有些案子你可能就標不到了。因為只要你用比較保守、高於平均值的估計時程，那麼你的對手只要使用平均數來做時間估計，就可以把標案搶到手了。

可接受的變異

變異多小才可以被接受？這個問題沒有標準答案。如果你從事的是清楚定義的營建專案，可接受的變異範圍為正負3%~5%之間。如果是研發類的工作，可接受的變異範圍一般大概在正負10%~15%之間。但如果是純研究的工作，那就根本沒有範圍了。舉例來說，想像一下，假設你現在是在一家製藥公司的研究室工作，你的老闆問你說：「告訴我你要用多少錢和多久時間，才能發現並開發治癒愛滋病的新藥來？」你會怎麼回答？

然而，不管在哪家公司，你都必須先從經驗中找出與工

作相關的變異範圍，之後再設法縮減它們。每一次的工作進展，都可視為縮小變異的嘗試，儘管無法把變異減少到零，但是要把零變異當成目標。

用完成百分比來衡量進展

只估計完成百分比（percentage complete）是衡量進展最常見的方法。BCWP就是在衡量進展，但BCWP是用多少錢來表示價值，這是和完成百分比不同的地方。

用完成百分比對時間軸，可以畫出如圖12-8的曲線圖。曲線大約呈線性上升至80%或90%左右，就漸漸成為水平（意思是不會再有進展）。維持一小段時間後，倏地一下，工作就完成了。

這個現象形成的原因是，任務進行到接近最後階段時，經常會遭遇到問題，於是就有很多心力投入其中，嘗試解決問題。在這段期間是沒有任何進展的。

另一部分的問題是不知道做到哪裏。我們前面說過，進展通常是估計出來的。如果有一項任務為期十週，你在第一個週末問執行這個任務的人，事情進行到哪裏了？他可能會回答你：「做了10%！」然後第二個週末，他再回答你：「20%！」接著以此類推。這個人其實是在做反向推論，他是這樣想的：「十週的工作，現在是第一週結束，所以照理我

必須完成10%。」但是實際上，他根本不知道自己進行到哪裏。這樣的情形，當然使得控制變得很鬆散。不過，在大多數的個案中，完成百分比仍然是衡量進展的不二法門。

圖12-8　完成百分比曲線圖

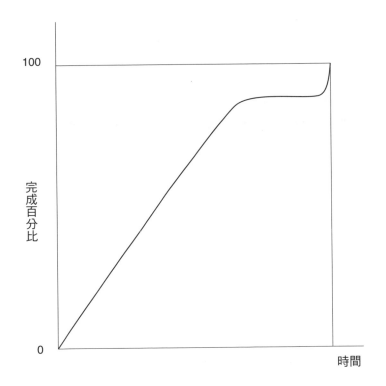

重點整理

◆ 從分析現況與原計畫的變異來進行控制。

◆ 工作定義明確的專案，能達到比定義模糊的專案更嚴格的變異控制。

◆ 有個趨勢是：當期限很難達到時，品質就很容易被犧牲掉。

◆ 光看出變異是不夠的，變異形成的原因也必須找到，才有辦法採取矯正措施。

◆ 唯有透過經驗，才能知道可接受的變異程度是多少。而且每個系統的能力不同，某個團隊的控制變異能力，有可能優於另一個團隊。

問題與練習

圖12-9顯示某個專案的實獲值數據。請分析資料後回答以下的問題。參考答案請見書後所附「問題與練習解答」。

圖12-9　實獲值報告

工作預算編號	累計花費			變異		完成時		
	BCWS	BCWP	ACWP	時程	成本	預算	估計	變異
301	800	640	880	-160	-240	2,400	2,816	-416

問題：

1. 本項任務是超前還是落後時程？又，超前或落後多少？

2. 本項任務的花費是過度還是儉省？又，超過或省下多少？

3. 整個任務完成時，會是花費過度還是花費儉省？

第十三章　管理專案團隊

Managing the Project Team

前面各章主要都集中在討論專案管理的工具，像是如何做規畫、排時程和控制工作等等。不幸的是，有太多專案經理以為，只要把這些工具統統用上了，專案就一定會成功。於是，他們組成一個團隊，把工作指示告訴團隊成員，然後袖手旁觀，眼睜睜地看著專案自我毀滅，事後才質疑工具可能有某些瑕疵。

其實十之八九，問題是出在人員的管理上。儘管有些例子顯示，問題是出在使用的工具上，但是若再追究下去，便可發現絕大部分的失敗原因，還是由於人員使用工具不當造成的。所以我們關切的終極原因，仍然要回到人身上。

專案管理的工具和技巧，是專案成功的**必要條件**，但卻不是充分條件。就像我說過的，人員的問題處理不好，你的專案就會很難管理，特別是這些人跟你「不同國」的時候。

這裏的相關重點是，你需要把參與專案的**這群人**（group），轉變成一個團隊（team）。有太多的專案管理根本忽略團隊建立這一點，本章會針對如何著手建立團隊提出一些建議。

團隊建立

想要建立一個高效率的團隊，就必須從團隊成立的第一天，就開始團隊建立（team building）的工作。假如從一開

始，就沒有團隊建立的過程，團隊很可能到
後來只是一個「小組」，而不是一個「團
隊」。在小組中，成員可以參與大多數的活
動，但是並不一定要投入。

KEY POINT
團隊必須被建造，
否則不會自己生出
來。

對企業組織和專案團隊來說，沒有投入
熱忱一直是個主要問題。這種情形在矩陣式組織中特別容易
發生，這種組織架構的特性是，專案團隊成員平常在公司功
能性部門中，有其固定職掌和直屬上司，他們只是在專案進
行期間，有義務向專案經理「報告」而已。

在本章稍後，我會列出幾項指導原則，處理專案經理如
何培養團隊成員投入熱忱的問題。現在我們先討論如何組織
一個團隊，使團隊一開始就步入正軌（讀者如果有興趣，想要深
入探討這個主題，請參閱詹姆斯・路易斯〔James Lewis〕的著作
《*Team-Based Project Management*》〔Beard Books, 2004〕）。

透過規畫促進團隊合作

規畫階段的一項主要原則是：必須執行計畫的人員，應
該參與計畫的準備工作。可是專案經理經常自己一手規畫專
案，然後才想不通，為什麼團隊成員對計畫的投入程度那麼
低。

所有的規畫或多或少都有估計的成分在其中。例如，假

使可以取得某些資源，特定任務要花多少時間等等。我在研討會上會問聽眾：「你們有沒有經常發現，每次老闆們認為你可以把事情做好的速度，比起你實際上能做好的速度，要快上好幾倍？」大家都笑笑表示同意。接著我告訴他們，這好像是某種心理學定律：老闆對下屬做事需要花的時間，總是過分樂觀。

當主管交給下屬一份差事，但是完成時間又不夠時，這個下屬自然就會覺得很洩氣，投入程度就會變得很低。他可能回答：「我會盡力去完成……」但是心裏頭卻完全不是這樣想。

組織團隊

以下是組織專案團隊的四個主要步驟：

1. 使用工作分解結構、問題定義以及其他規畫工具，決定接下來必須做些什麼。
2. 根據上一步驟中，所確定的各項任務，決定完成那些任務所需要的人員配置。
3. 招募專案團隊成員。
4. 團隊成員一起參與擬定專案計畫。

招募成員

以下是挑選團隊成員的一些標準：

▶具備完成特定工作所需之技能，且可以於期限內完成工作的人選。

▶參與專案可以滿足個人需求的人選（請參看本章「如何使成員委身投入團隊」一節中，由馬區與司馬賀所提出的原則）。

▶應徵者和其他已加入團隊的成員、專案經理和其他專案重要成員的性情要「對味」。

▶人選對加班的要求、緊湊的時間表，或其他專案工作要求的配合度要高。

釐清團隊使命與目標

彼德斯與華特曼（Peters and Waterman）在他們的著作《追求卓越》（*In Search of Excellence* 〔Harper-Collins, 2004〕）中談到，優秀的公司擅長發揮自身的長處，它們會堅持發揮最強的優點，絕對不會去做根本不懂的東西（*例如，想像曲棍球隊決定轉行去打籃球的情形*）。

有太多的個案研究和文章，提到路線走偏了的企業組

織，因為忘記最初的使命，因而付出慘痛代價的故事。這種事也很可能發生在專案團隊裏面。假使成員對團隊使命不清楚，他們就會照自己認為的意思，引導所屬團隊進行的方向，而這個方向很可能不是企業組織原來打算走的方向。我們在第5章中，曾經討論過有關發展使命宣言的程序，這裏就不再提了。事實上，專案經理與團隊成員們一起發展使命宣言，本身就是一項很好的團隊建立活動。

化解個人目標與團隊使命的衝突

從經驗裏知道，專案團隊成員最投入團隊的情況，往往是在他們的個人需求得到滿足時。有時候在專案中，有些成員會有自己隱藏的意圖（hidden agendas），也就是不欲人知的個人目標，他們害怕一旦被別人知道後，就會破壞了好事。

專案經理應該嘗試，在達成團隊目標的同時，也要協助成員完成其個人目標。這時團隊領導人需要將那些隱藏的意圖搬上檯面，這樣可以有助於個人目標之達成。當然，一定也會有些情況是，個人目標和團隊目標完全沒有交集，這個時候，如果團隊領導人知

道這個成員的目標為何，這名成員（理想上）應該被調到另一個可以完成其個人目標的團隊去。

處理團隊議題

專案團隊通常必須處理四項一般性議題：**目標、角色與責任、程序、關係**。本章前面我們已經針對釐清團隊使命及目標詳加討論，這項釐清永遠是團隊發展最重要的第一步。

一旦團隊使命與目標訂定完成後，成員就必須了解本身扮演的角色為何，**期望每個人在什麼時候做什麼**，全都需要清楚地明定出來。在此經常會發生一種管理上的通病：團隊領導人總以為，他們已經很清楚地和團隊成員們溝通，告知他們自己應該扮演的角

> ────KEY POINT────
> 每一個團隊都需要處理目標、角色與責任、程序、關係等四項議題。

色為何這項資訊。然而，當你問這些團隊成員，他們是否清楚自己的目標和應該扮演的角色時，他們的回答通常都是否定的。

之所以會發生這種問題的原因在於，我們並沒有詢問團隊成員，是否對他們的角色已經充分了解。除此以外，還有個問題是，成員本身有時也不願意承認，他們並不清楚自己的角色為何。大概是怕被人笑：「連這個也不知道喔？」所以與其承認自己不了解，乾脆照自己所聽到的加以闡釋，並

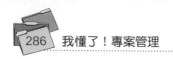

試著竭盡所能地將工作做好。

　　專案領導人必須在團隊中營造出開放溝通的氣氛，在這種氣氛下說話才不會感到害怕。最好的方式就是針對問題，單刀直入地表示：「我知道在各位當中，有些同仁也許不太願意提出自己不懂的地方，不過團隊絕對不能這樣運作。所以請各位在座同仁，有什麼不了解的地方，就盡量發問；有什麼不同意的事情，就公開表達出來。只有這樣，我們的專案才有可能成功。運氣好的話，我們一次就能把專案做成功。但是如果在座有人因為不了解專案預期要達成的成果，而導致整個專案失敗的話，我們也不可能有時間重做一次了。」

> **──KEY POINT──**
> 從來沒有所謂的笨問題──除非是你不敢發問的問題。

　　我也發現，當我願意承認自己有些不懂的地方，或是表達出對專案議題的憂慮或擔心時，大家的反應都非常正面。假如你營造出一種不容許有錯誤的氣氛，那麼根本不會有人願意自暴其短。但是話說回來，誰會想和零缺點的聖人共事？其實我發現暴露一些人性上的缺點，反而對拆解溝通障礙並拉近彼此的距離大有幫助。我知道這種講法，和一些管理者的想法相牴觸。長久以來，我們一直被要求維持一種無懈可擊的形象。我相信這樣其實造成了很多企業組織的問題，該是拿掉面具，回歸真實面的時候了！

改善流程問題

接下來要處理「我們要怎麼做?」這個問題。這裏的重點是流程。想要有效率又有成效地把工作做好,改善工作流程是當今很重要的議題。通常我們把它叫做再造工程(re-engineering),重點是分析和改進工作流程,使組織變得更具競爭力。

大多數團隊面對流程的困難在於:過於努力做好工作本身,反倒忽略了檢視怎麼做的問題。經過一段時間,團隊就應該停下工作,保留充分的時間來檢視一下工作流程,討論有沒有更好的做事方法。否則的話,團隊有可能變得越來越精於把工作做得很糟糕。

重視團隊成員關係

人與人之間的每一次互動,幾乎難免都會發生摩擦。誤解、意見相左、個性衝突、些許嫉妒心等都時有所聞。專案經理必須有心理準備,隨時要處理這類事件。事實上,假如你實在很痛恨必須處理專案中發生的這類行為問題的話,我勸你要好好問問自己,是不是真的想從事管理專案的工作。不管你

KEY POINT
所謂的個性衝突,通常是起因於人們缺乏良好的人際互動技巧所導致。這項缺憾可以透過訓練加以解決。

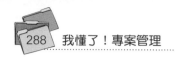

喜不喜歡，工作上的行為問題一定是無法避免的，而且如果處理不當，最後專案一定會宣告終止。

　　有一點要注意的是，很多的個性衝突起因於缺乏處理人際關係的技巧。沒有人教過我們，要怎樣和別人一起坐下來談談彼此的意見歧異，所以一旦衝突無可避免時，情形馬上就混亂起來。想要將這類問題的衝擊降到最低，最好的方法就是提供所有團隊成員（包括你自己）有關人際關係技巧的訓練。很多企業組織完全忽略這些訓練，因為這些衝突似乎對公司獲利沒有什麼影響。要舉證1塊錢的訓練投資，會有10塊錢的報酬率，實際上相當困難。

　　也就是因為沒辦法量化這些技能訓練的優點，所以許多公司乾脆就不做了。然而如果我們的資本資源運作得不是很順利，通常會設法找出問題根源在哪裏，然後把問題解決掉；但有趣的是，人力資源是唯一可以幾乎不受限定地更新的資源，我們反而不願採取任何措施，使人力資源運作得更有效果。身為專案經理，你一定得要求自己好好管理這方面的工作。

團隊發展的各階段

　　有許多模型描述團隊或小組從零到成熟的發展階段。其中一種較廣為人知的模型，從其名稱就可以望文生義，這個

模型包含形成、動盪、成型、展現（forming, storming, norming, performing）四個階段。

在形成階段，大家所關切的是自己如何融入團隊、誰發號施令、誰做決策等問題。在這個階段，基本上有賴領導人（或另一個人）來組織他們，例如指示他們團隊方向和協助他們動員起來。領導人自己如果沒有能力帶領成員、控制這些團隊形成條件，其他的成員很可能起而代之，我們稱之為非正式領導（informal leadership）。

動盪階段是最容易讓大多數人感到挫折的階段。當團隊來到這個階段，大家就會開始質疑團隊目標。例如，大家有照著目標走嗎？領導人真的有在帶領大家嗎？在這個階段，有時候領導人是大家主要的砲轟目標。

成型階段的成員間，開始自行解決彼此的衝突，然後把工作搞定。他們逐漸發展出一套分工合作的規範（不成文的規則），大家相處得比較習慣，每個人也找到自己在團隊中的定位，同時知道對自己對其他人有什麼期望。

最後，當團隊來到展現階段，這時領導人的工作就輕鬆多了，成員間已經很有默契，有些甚至樂在其中，而且工作品質也都很高。換句話說，此刻我們真的可以說這是一個標準的團隊了。

KEY POINT
團隊發展最廣為人知的階段模型稱為：形成、動盪、成型、展現。

不同階段的領導角色

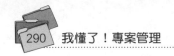
新成立的團隊需要考慮到組織結構的問題，否則就沒辦法開始運作。上一節提到，領導人在形成階段，如果無法提供這種組織結構的話，團隊很可能就不會接受其領導，而會尋求由另一個人取而代之。第一階段（形成階段）所需要的，是指導方向型（directive style）的領導。

在第一階段期間，成員們會想要彼此認識，同時想要了解彼此在團隊中所扮演的角色。在第一階段中，領導人除了必須幫助成員們互相了解之外，更要讓他們清楚團隊目標，和個人的角色及責任。這裏有一個非常任務導向型的領導人容易犯的錯誤：他們只是告訴團隊「開始工作」，而沒有幫助成員彼此認識。他們把這些視為純「社交」活動，只是在浪費時間而已。當然成員們可以私下熟識彼此，不過，如果有一些團隊成員你不認識，你就很難把自己視為團隊的一份子。

如果可能的話，可以辦個純社交性的聚餐或聚會，不帶有任何工作壓力在裏面，這是個讓團隊成員彼此認識的好方法。如果不太可能這樣做的話，也一定還有別的方法可以讓成員們互相認識。

當團隊發展到第二階段（動盪階段），成員們多半會開始

有一些焦慮。他們開始質疑團隊的目標,像
是:我們現在真的在做該做的事嗎?領導人
現階段必須使用其影響力或說服力,使成員
信服團隊的確是走在正軌上。成員們需要極
大的心理支持,領導人必須使他們確信自己

KEY POINT
當團隊在動盪階段
時,需要推銷型或
影響型的領導。

的價值,並讓他們相信自己是團隊成功的致勝關鍵。換句話
說,在動盪階段,成員需要一股安撫的力量。

　　當領導人對連續發生的衝突覺得很不舒服時,就會出現
「嘗試跳過這個階段」的傾向。然而假裝衝突從沒發生過,
保證是一個大錯誤。衝突一定要經過處理,才不會變得具有
破壞性,但是無論如何都不能以逃避的方式處理。如果一味
地忽略衝突,日後勢必還是會不斷回到這些爭執點上,試圖
去解決衝突,但是這會使工作進展受到影響。比較好的做法
是當下就克服萬難,一勞永逸地解決衝突。

　　當團隊進入到第三階段(成型階段),彼此的關係就緊密
多了。成員們開始將他們自己視同一個團隊,同時也把自己
視為團隊中的一份子。成員們對工作更投入,彼此間的合作
和相互支援更明顯,從這一點上可以說,他
們已經可以被稱為一個團隊,而不僅是一群
人而已。領導人在這個階段,需要導入參與
型(participative style)的領導。相較於第一、
二階段,在這個階段領導人要把更多決策權

KEY POINT
當團隊在成型階段
時,領導人應該採
取參與型的領導。

下放給成員分享。

　　一旦進入第四階段（展現階段）後，就是個名符其實的團隊了。領導人基本上可以坐下，專注於思考團隊進展的可能情況分析；或是規畫接下來的工作等等。稱這個階段的領導屬於委任型（delegative style）領導是很恰當的。團隊不斷在展現其成果，而成員也對他們做出的貢獻頗感自豪。這個階段可以嗅到同志情誼，成員彼此會開玩笑，同時也真正樂於一起工作。

　　不過沒有一個團隊可以一直保持在同一個階段。當團隊遭遇困難時，很可能又會回到第三個階段，這時領導人就必須從委任型的領導風格，轉換成參與型的領導風格。

　　在專案團隊中，成員常常會變動。每當有新的專案成員加入，你就應該知道很快地第一階段必須重新開始，然後再度經過各階段的演進，團隊才會漸趨成熟。特別重要的一點是，你要協助每個人去認識新成員，也讓原來的成員了解新成員在小組中所扮演的角色。這件工作的確需要花一點時間，不過為了使團隊在工作上進展順利，這也是必要的過程。

如何使成員委身投入團隊

　　我在本章一開始，就指出協助團隊成員委身投入專案，

對專案經理人來說是個重要課題。通常團隊成員之所以被指派來做專案,只是單純因為他們正好是可用的人力,而不是因為他們是適合專案工作的最佳人選。一旦情形如此,那他們對專案的投入程度可能就很低了。

詹姆士‧馬區(James March)和司馬賀(Herbert Simon)在他們所著的《組織》(*Organizations*〔Blackwell, 2nd ed. 1993〕)一書中,對於如何培養團隊成員或公司員工的投入熱忱,提出了以下五項原則:

1. 讓團隊成員有頻繁的互動,培養團隊共識。
2. 確保個人的需要,經由參與團隊,能夠得到滿足。
3. 使所有成員了解,其所參與之專案的重要性。人們不喜歡加入失敗者的行列。
4. 確定每位成員共同分擔團隊所有的目標。否則一粒老鼠屎就可能壞了一鍋粥。
5. 讓團隊成員彼此間的競爭,盡可能降到最低程度。因為競爭程度越高,合作程度就越低。讓成員們和團隊以外的人競爭,不要在團隊內部產生競爭。

請注意,如果團隊成員們分散於各地,那麼第一項原則就不適用。在這種情況下,成員們大概只能透過電話會議、視訊會議或利用網際網路的工具,來保持頻繁的互動了。在無法以某種方式聚在一起的情況下,成員們幾乎不太可能還

能產生團隊共識。

最後叮嚀

　　如果你想要參考好的團隊模範，我建議你看看一些優秀球隊的教練是怎麼做的。不過要小心，我絕對不是要你模仿這些教練在場邊齜牙咧嘴的火爆動作。這樣的叫囂方式對球隊的球員有用，因為能夠加入這些明星球隊，是每一位球員夢寐以求的理想。不過對專案團隊的成員完全不能這樣吼，這些成員之所以加入專案，是因為他們的上司要求。我建議你不妨去看電影《為人師表》（*Stand and Deliver*），參考一下男主角傑米‧耶司卡藍帝（Jaime Escalante）如何面對他的學生。

KEY POINT
《為人師表》（*Stand and Deliver*）是1988年的美國電影，是一個有關真正領導的絕佳範例。

下次當你想抱怨沒什麼權力，然後又扛著一大堆責任的時候，你可以問問自己，一位老師（權力甚至比你更少）是如何讓一群學生變得那麼努力，他又是怎麼讓他們參加暑修，願意一天上兩次數學課。這樣你就會開始了解，什麼是真正的領導能力了。

重點整理

◆ 團隊需要被建立，否則不會自己生出來。

◆ 讓全體團隊成員參與規畫，是開始團隊建立過程的好方法。

◆ 依序處理目標、角色與責任、程序、關係等四項議題。

◆ 所謂的個性衝突，通常起因於成員們缺乏人際互動技巧。為使團隊運作無礙，所有成員都應該接受相關訓練。

◆ 團隊在不同的發展階段，需要不同的領導形式。形成階段需要指導方向型的領導；動盪階段需要影響型的領導；到了成型階段，需要參與型的領導；最後當團隊進入展現階段，領導就變成委任型了。

第十四章　讓專案經理成為領導人

The Project Manager as Leader

帶　領專案團隊時，專案經理必須在專案環境中運用領導的藝術，也必須運用紀律：也就是運用管理人們的藝術，並有紀律地應用必要的專案流程，使專案得以成功。我一直聽到這樣的講法，因為這是事實。我自己的經驗也顯示，人的因素經常是專案成功「公式」裏最具挑戰性的部分。要保證專案成功，就需要有效管理幾乎所有的利害關係人，包括專案盟主、團隊成員、功能部門主管、主題專家等。第1章與第2章介紹了一般領導的定義，第13章將領導風格與專案團隊的發展階段關聯在一起。本章則專注於：領導風格對專案領導人的意義、了解各種領導風格的長處與弱點、培養專案的支持者、以及了解激勵的重要性。本章也會討論衝突解決方法、團隊綜效、以及主導專案會議（而不是管理專案會議）的實際方法。

> **KEY POINT**
>
> 在專案中，事情意外出差錯的機率，高於意外往正確方向走的機率。

打下基礎

試圖了解與帶領其他人之前，專案經理應該花點時間做有意義的自我省視。我不建議進行費時好幾天的心理分析，而是要實際觀照自己的行為，以及這些行為可能的驅動力。這樣做通常能對於你自己、你的團隊成員、以及其他專案利害關係人的行動，提供有價值的深入洞悉。

了解領導特性

主持專案管理的研討會時，我經常要求與會者，無論哪一天，只要他們有多餘的時間，都可以舉起手。我用反問的方式，目的是為了強調要充分利用每一次的互動。考慮到專案環境匆忙的步調，幾乎每一次的碰面，都可視為極具關鍵性。若能更加了解你自己和你的利害關係人，就會使溝通更有效率，並做出更好的專案領導決策。你在說服、激勵和解決衝突方面的能力將會提升。打下這些人際相處技能的基礎後，你就能在所有層面，避免和利害關係人有行為上不對盤的情形。若你對於領導的特性（包括個人特質、長處與弱點）有所了解，那就應該知道如何彈性調適你的風格，以順應利害關係人和當下的情況。這會產生更好的整體協調性，使得效率更高。從最佳實務的角度來說，你的領導越靈活，專案成功的機會也就越大。

> **KEY POINT**
> 若能更加了解你自己和你的利害關係人，就會使溝通更有效率，並做出更好的專案領導決策。

了解領導風格

我已經見過很多專案之所以會失敗，原因在於專案經理堅持要利害關係人去順應專案領導人的風格。如先前所提

到，專案團隊要變成熟，專案經理就要從指導方向的領導風格，進展到委任的領導方式。這種做法合乎邏輯，並且適用於大多數的團隊情境，此處強調的重點在於：專案經理採用的方法要有彈性。不過在專案進行的每一天當中，通常的情況是專案經理會面臨很多各式各樣的互動，這需要從某種領導風格順利切換到另一種領導風格。有些專案領導人天生擁有這種才能，而其他領導人則需要努力研究如何做到順利切換。你應該花點時間與心力培養這種技能，就像變色龍改變膚色使自己有最佳的存活機會，你也應該針對不同對象、情況與處境，調整你的領導方式，使專案的效率得到保證。

大多數人都有自然偏好的領導風格，我們對於這種領導風格感到舒適自在，這就是所謂的舒適區（comfort zone）。舒適區經常使專案經理難以開始轉型成為領導人。當你的行為舉止能自然而然表現出來時，做什麼事都變得比較不費力。然而，當情況要求你脫離舒適區時，那就需要一定程度的努力調整。為了成為有效的專案領導人，在改變自己的行為時，你需要知道自己可能會有不情願的感覺。在與利害關係人打交道時，若需要指導方向型的領導，而這碰巧是你最不喜愛的領導風格，請用心付出努力，運用足夠的訓練和靈活度，改變你偏

好的方法,以展現出指導方向型的領導。注重這些專案領導的細節,將更能使專案經理調適自己的領導風格,去因應利害關係人的行為特性,以及每天所遭遇到的無數專案情境。從圖14-1可以清楚看出專案經理做這種調適的背景。

培養專案支持者

二十世紀晚期時,將專案經理當作領導人的觀念,極少受到注意。在典型的現狀檢討會議中,團隊成員就分配到的

圖14-1 領導風格與調整校正

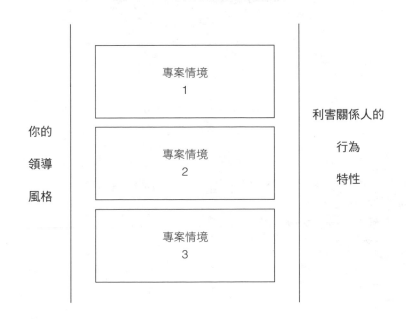

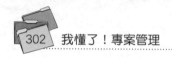

執行項目報告進展（到今天依然如此）。若工作未完成，就會將負責的團隊成員挑出來，或者也可能找來他的功能部門主管一起做檢討。在這種專案團隊的環境中，人員流動司空見慣。

時代已經產生變化。無論是大學、從業人員或是作家都已認可，有效的專案領導是專案全面成功不可或缺的一部分。專案式（project-based）組織（大部分工作都透過專案來完成的組織）的興起、全球性專案的實際本質和影響所及範圍、以及文化多樣性，都促成需要有更好的領導人，而不僅只是更好的團隊主管而已。領導人需要有願意接受他帶領的成員，專案領導人也不例外。

建立工作關係中的一致性

所謂的專案支持者（constituency），指的是滿懷熱情執行或支持專案工作的團隊成員或利害關係人。為了培養專案支持者，專案經理需要形成信任和尊重，甚至可能還要再加上欽佩。說到做到和在工作關係中建立一致性，兩者都相當重要。例如，若任何一位運動教練採用嚴格要求的激進風格，然後在賽季中期放棄這種風格，整個球隊會變得一團亂，隊員感到困惑，球隊的表

KEY POINT

說到做到和在工作關係中建立一致性，兩者都相當重要。

現也可能大為走樣。專案支持者不期待完美，但是大多數支持者要求專案領導人要有一致的作風。若你採用這種方法，就會對團隊與利害關係人的士氣產生正面效應。

鼓勵冒險並消除面對失敗的恐懼感

做為專案領導人，你應該鼓勵冒險，並試著消除面對失敗的恐懼感。若害怕犯錯，那麼團隊以高水準執行專案的能力就會打折扣。運用每個人的知識與能力，將所有成員對專案的貢獻發揮到極致，是相當重要的一件事。儘管乍聽之下違反直覺，但錯誤可能是很重要的機會。你不僅能從錯誤當中學習，而且也能運用錯誤塑造行為，並替團隊應有的環境定調。在我擔任專案領導人的生涯當中，我所學到的其中一項最佳實務，是要好好利用我所犯的第一次錯誤。我會聲稱犯了什麼錯誤，然後解釋自己打算如何修正問題。若團隊成員見到你的開放態度，並願意分享你所犯的過失，極有可能他們會有樣學樣，並且願意在專案進行的過程當中審慎地冒險。

> ——— KEY POINT ———
> 儘管乍聽之下違反直覺，但錯誤可能是很重要的機會。你不僅能從錯誤當中學習，而且也能運用錯誤塑造行為，並替團隊應有的環境定調。

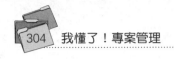

建立可表示異議的正面文化

　　與專案團隊第一次見面時，我所說的第一句話經常是：
「將所有的頭銜拋在門外。」這是一個重要基本原則，可協助
你建立可表示異議的正面文化。若專案處在第二階段（動盪
階段），而且會議氣氛太過友善又令人感到愉快，那你就遇到
麻煩了。十之八九這是一個不正常的團隊，在一個受限制的
環境中運作。這並不表示你要鼓勵衝突，而是要促成大家能
夠提出各種觀點。做為專案領導人，很重要的一點是要創造
出鼓勵交換意見和想法，並免於受到報復威脅的一種環境。
這種能夠表示異議的正面文化，協助你讓意見能源源不絕地
提出，也協助你做出策略性和戰術性的決策。若你的周遭都
是唯唯諾諾的人，那就會使構想或意見缺乏必要的檢視，專
案幾乎陷於停頓，而且你也會失去你的支持者所能帶給你的
真正價值。

激勵

　　所有專案經理都需要團隊成員準時完成活動與實現成
果。要成為有成效的專案領導人，那還需要再加入「最高績
效」這項要件。要讓團隊有最佳表現，你需要把團隊成員當
成個人看待，而不只是當成必須在專案期限內完成工作的一

群工作者。若你激勵個人,你就等於在激勵團隊,並為高績效環境奠定基礎。相反地,無論將專案的技術層面管理得多好,未受到激勵的專案團隊很難使專案成功。

有些專案領導人運用自我評估工具,來確定團隊成員的人格特質,以及可能的激勵誘因。儘管在很多實例中,已經證實這些工具有效果,但我偏好花時間與團隊成員及其他關鍵利害關係人相處這種更傳統的方法,設法找出能夠激勵他們的因素。若你在星期二早上(當試避開星期一,因為我們當中有些人需要從週末休假的心情調適回來)花點時間和團隊成員一起喝咖啡,對他們說一些事情,也傾聽他們所說的話,並且在喝酒減價時段,或偶爾的午餐聚會,一邊喝點東西一邊感謝同事對專案所做出的貢獻,你將會強化雙方彼此的關係,而且通常能更深入了解他們是什麼樣的人。你知道的越多,當需要進行激勵時,你就會有更多籌碼。走動式管理(MBWA 或 management by walking around)在1970年代由比爾‧惠列特(Bill Hewlett)和戴維‧普卡德(Dave Packard)導入,並以「惠普(Hewlett-Packard)風格」而聞名。惠普公司很強調這種技巧,而且專案領導人、執行長和各階層主管至今還在採用,因為走動式管理在管理上能帶來成效。在典型的專案環境中,領導人在缺乏正式權限的情況下管理,這點尤其重要。若你沒有權限命令別人,那麼你就需要具備激勵別人的能力。

只要做出成績,不論是做得非常好,或是只有小小的成

績，都應該盡快由整個團隊去認可和讚揚。
當專案開始時，必須克服一定程度的惰性。
從慶祝小小的勝利開始，隨著專案進展，持
續在適當時機認可令人滿意的成果。很多專
案領導人在達到里程碑時，或是在每個專案
階段結束達成預先設定的目標時，都會與團
隊一起慶祝。無論運用什麼方法，專案領導
人的職責是要透過認識自己的團隊，並保證士氣高昂，使團
隊的執行力維持不墜。

專案領導與團隊環境

　　如先前所提到，讓專案經理成為領導人的構想，是一種
相當新的觀念。一直到最近，團隊成員角色、衝突解決策略
和綜效，都不被視為對整體的專案成功具有關鍵性，但是今
天的專案領導人，都需要具備能處理所有這些領域相關問題
的能力。本節將介紹一些領導專案團隊的有用技巧，並將焦
點擴大，一併討論分散式虛擬團隊。

確認與發展團隊成員的角色

　　雖然專案經理如同是團隊的凝聚力，將整個團隊凝聚在

一起，但你也能像主廚那樣，負責將專案團隊成員的角色、技能組合和個性等原料加以混合，使整體的績效達到最高。沒錯，這是一種交雜的隱喻，但是卻說明一個重要的觀念。隨著專案進展，個人所擔任的角色經常能自然融入團隊環境中，最終僅有小衝突或甚至不會有衝突。在其他個案中，顯然團隊成員之間不對盤，造成彼此之間每天的衝突與負面的不滿意見。在今日的專案世界中，為了建立專案團隊成員之間持久的和諧一致，你需要確認他們的長處、弱點、人格特質和行為模式。每位團隊成員的存在都有其目的，他們通常具有專案相關的職能或技術專業。

為了讓團隊產生凝聚力，專案經理必須觀察團體的相處互動，抱持積極態度，確認潛在衝突可能發生的「危險地帶」，尋找機會協調團隊成員的努力成果，或甚至形成次級團隊，充分運用他們相互結合的天賦能力。你的目標是要提升綜效，使團隊的績效表現達到最高。綜效（synergy）相當常見的定義是：整體的表現優於各個組成部分的總和。對專案團隊領導人來說，綜效是你努力奮鬥爭取的目標，而且需要你全心全意地爭取。

找出解決衝突的適當方法

到了某個時點，所有的專案團隊都會遭遇到衝突，但是

如同我先前所強調的，大部分的衝突都是對專案有益的正面性衝突。當衝突變得對專案工作及人際關係具有破壞性時，你才需要採取行動。個性議題、相互衝突的優先順序、利害關係人意見不一、緊湊的時程和技術議題，所有這些因素在專案環境中都可能是衝突的根本原因。如何處理專案環境中所浮現的問題，是專案經理擔任專案領導人時，其成效好壞的決定因素。我們大多數人都有自己處理衝突的風格，如本章前面所提到，這種風格可能產生一種舒適區，對於你調整風格去適應各種情況的能力造成阻礙。蘇珊・姜達（Susan Junda）在《專案團隊領導：以更好的溝通建立承諾》（*Project Team Leadership: Building Commitment Through Superior Communication*; American Management Association, 2004）一書中，提出在專案環境中處理衝突的五種方法：

1. **迴避**（Avoidance）：這種方法經常被稱作「逃跑症候群」（flight syndrome）。迴避發生於當個人拖延議題、從某種情況抽身、或完全避開衝突時。

2. **遷就**（Accommodating）：在這種情形下，個人將所有其他事情排開，專注於滿足另一個人的需要。

3. **妥協**（Compromising）：這是找出**折衷處**的一種嘗試，任何一方在折衷處都無法得到其所尋求的完整目標。

4. **合作**（Collaborating）：在此處，雙方一起合作，共同努

力找出對雙方都有利的解決方案，這是一種典型的**雙贏**情境。

5. **強迫／競爭**（Forcing/Competing）：這是「我說什麼就是什麼」的方法，發生在個人要別人配合他的想法時。

專案經理的任務是在有專案衝突的情勢下，決定最適當的衝突解決方法。若你投入時間真正了解你的專案支持者，這項任務就會變得較輕鬆。在做出妥當的決策之前，你需要對情況和個人做出更徹底的評估，才能真正解決外部衝突。無論採用何種方法，請記得要把焦點放在事實上，而不要受情緒所影響。

主導專案現狀會議

專案現狀會議的重要性往往被低估。沒錯，大多數組織所召開的很多會議，都佔用掉太多時間，但是現狀會議是你的專案能否成功的關鍵。若每位執行長都了解，他們把太多時間與金錢浪費在無效率的會議上，他們就會讓許多人去接受訓練，成為有效的會議領導人和參與者。身為專案領導人，專案經理要負責讓專案現狀會議變得有效率、有成效、又有生產力。

──KEY POINT──
身為專案領導人，專案經理要負責讓專案現狀會議變得有效率、有成效、又有生產力。

以下是有效率地主持專案現狀會議的一些最佳實務：

▶ 事先做好開會準備，而不要耗費寶貴時間在會議中完成工作。

▶ 建立會議進行的基本原則，例如：

- 要訂定參與會議的最低團隊成員人數（足夠召開會議的人數）。

- 要有一致意見（假使陷入僵局，若有五位團隊成員同意，則會議繼續進行，但有可能日後再重新檢討此議題）。

- 把所有頭銜都拋在門外（這點值得一再強調）。

- 保持機密性（說過的每一件事都留在會議室裏）。

- 一次一個人說話。

- 準時開始，準時結束。

▶ 指派一位計時人員協助你遵照時程開會。

▶ 聘請一位抄寫員記錄與分發會議紀錄。

▶ 專注於參與，保證都有聽到每個人的聲音。

▶ 不要允許花太長時間在花邊新聞的討論上。

▶ 確保所有電子設備都關機或處於震動狀態。

建立基本原則時，相當重要的一件事是，讓所有團隊成員都參與規則建立，以保證大家都能接受這些規則。若專案經理試圖逕行要求專案團隊成員必須遵守這些規則，那就不會有人堅持一定要遵守。有些專案團隊輪流讓成員擔任抄寫

員的角色，這是個壞主意。若你指定專人擔任抄寫員，那個
人就會培養出有效率的習慣，做好紀錄並及時分發會議紀
錄。若由大家輪流分攤這項工作，那麼每個禮拜都會有不同
風格，而且也沒有任何一位團隊成員能培養出前面所提到的
做事效率。

與虛擬團隊合作

「布魯塞爾，我們遇到一個問題。」我記得有一次我在決
定暫停每週一次的視訊會議後，我對一位團隊成員說了這句
話。當時我並沒有了解到我的全球團隊所面臨的溝通挑戰。
當然，後來我又恢復召開視訊會議。若你的團隊在別棟大樓
上班，或是分散在全球各地，你應該確認這就是你的挑戰，
並且要擬定計畫克服這些挑戰。

大多數虛擬團隊都會遭遇到特有的阻礙，或是在地理上
分散的環境中更可能碰到的阻礙。每個層級
的溝通都可能變成是一種藝術、科學、吵鬧
的活動、或是一種痛苦。當團隊成員彼此距
離很遠時，本質上事情的釐清就可能變成像
一個專案那樣複雜。在語言翻譯的過程當
中，事情有失去重點或方向的傾向，進而掉
入一再出現但是大家經常看不見的缺陷中。

———KEY POINT———
每個層級的溝通都
可能變成是一種藝
術、科學、吵鬧的
活動、或是一種痛
苦。

加入多文化或多語言的團隊成員時，派系或小團體就可能順著這些文化或語言的分界線發展出來。若沒有確認文化差異何在，而放任文化差異惡化不管，那就可能對培養團隊真正的和諧融洽有所阻礙。工作習慣、禮節與風格上的差異更是常見，而且必然會發生。

為了對抗這些額外的挑戰，尤其是關於了解你的團隊成員與利害關係人時，專案經理必須回歸基本面。請堅持必須面對面召開專案開工會議。這也許非常難以辦到，尤其是當牽涉到大量出差時，但是面對面開會對於團隊的凝聚和未來的士氣至關重要。你將會發現，這是必須向管理階層或專案盟主推銷的事情。若情況果真是如此，專案經理經常得視需要估計預估的成本和效益，並向管理階層或專案盟主做說明（我曾經總共做了六次嘗試，才獲准面對面召開專案開工會議）。

若企業組織缺乏最新的虛擬溝通工具，那麼專案經理就要扮演倡導者的角色，藉由強調先前的專案，因為過時的程序所增加的成本和造成的負面效應，來推銷投資於升級的需要。

隨著專案進展，盡可能促成在團隊成員之間有很多非正式互動的機會，這樣做也會有用處，因為可協助虛擬團隊克服大家無法無拘束地互動的損失，並協助破除溝通的藩籬或障礙。

重點整理

◆ 帶領其他人時，你變得越靈活，專案成功的機會也越高。

◆「走動式管理」和在你的工作關係中建立一致性，兩者都相當重要。鼓勵冒險、消除面對失敗的恐懼感、以及建立表達異議的正面文化，將使你成為更有成效的專案領導人。

◆ 專案經理的職責是要藉由認識你的團隊，保證團隊具有高昂的士氣，使專案進行的動能維持不墜。

◆ 專案領導人需要能夠確認與發展團隊成員的角色、決定解決衝突的適當方法、主導專案現狀會議、以及和虛擬團隊共事。

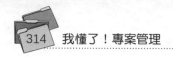

問題與練習

分析你的組織中的專案環境。

▶ 舉出有助於保證專案成功的十項重要的專案領導特點。

▶ 從列舉的清單中確認三種最重要的特點。

▶ 然後將清單和你自己的能力相互對照。

你的哪些特點表現最為突出？

哪些領域可能需要改善？

第十五章　結束專案

Closing the Project

大多數專案經理在結束專案方面做得並不好。儘管相關的流程和工具不難了解，但實際的目標卻未必容易達成。專案的結束需要紀律。想想你可能曾經有過的經驗：當你賽跑接近終點線時，發生了什麼事？當我們衝過終點線後，很多人都有過開始放鬆，然後速度慢下來的經驗。當你或你的夥伴在居家改造專案接近結束時，發生了什麼事？專案結束三年半之後，你的房間天花板的一個小角落，到現在依然沒有漆上油漆，但房間其餘部分看起來很棒！

當專案執行接近終點，進入結束階段時，請謹記：紀律是專案是否能順利結束的關鍵。專案經理可能六個月、一年或甚至五年，都一直忙於執行某個專案，因此可能已經感到單調乏味。你也可能同時執行其他專案，其中一個專案已經接近截止期限，而另一個專案的要徑可能陷入重大麻煩（請參閱第8章）。可能你的主管打電話或發電子郵件給你，交辦功能部門的工作要你處理。可能有各種理由讓你想要繼續向前走，但是多年來的專案管理經驗告訴我，一定要放慢腳步，審慎小心管理自己的專案，一直到專案真正完成那一天為止。

專案結案的兩種類型

專案結案活動一般可區分成合約結案和行政結案兩種主要類型。兩種類型之間可能會有重疊之處，但是合約結案通

常涉及正式文件,而行政結案則有多個面向。

合約結案(contractual closure)所完成的事項,正如你所預期的,包括合約、訂購單、第三方協議之類的文件。大多數外部活動是屬於這個類型。

行政結案(administrative closure)是將專案所有的內部事項做一個結束,包括:

▶ **移交交付標的**。雖然這幾乎是基本常識,但我不只一次看過,專案團隊做了一項很棒的工作,並開始準備好好慶祝了,結果後來才知道專案成果尚未交給顧客。就技術上來說,到那時候專案其實就算是延遲了。還有的案例是,因為專案延遲,最後遭到罰款。交付標的未移交給顧客,通常是因為沒有人去負責執行「移交」這項任務。請記住,只要顧客尚未在交付成果文件上簽署,你的專案都算不上已經完成。

▶ **製作關於團隊成員工作成效的文件**。有些專案團隊成員表現非常好,超過大家的預期。其他人可能表現平平,對專案工作的影響非常有限。請務必獎勵那些表現最佳的人,這可以透過給予額外的獎金或禮券,或寫一封關於此人表現的嘉獎信呈給高階主管。你可能會想和人力資源部門合作,設計一場適當的表揚秀。這可能是對未來的一項投資,因為你可能會與這些團

隊成員再度合作，而且當這一天來臨時他們能受到激
勵。

▶ **在專案資訊與文件檔案庫中收集並歸檔專案紀錄。** 將
你目前的專案結案，當然是一件重要的事，但是收集
並歸檔專案紀錄，對未來類似的專案也可能有用處。
無論好壞，別讓你的經驗永遠消失在你不確定未來能
記得多少的記憶中。通常應該歸檔的紀錄包括：

- 專案計畫書
- 往來聯絡信件
- 變更控制紀要
- 風險登錄表
- 行動／問題紀要
- 品質文件
- 溝通計畫
- 專案採購報告

▶ **釋出專案團隊成員。** 專案結束後，你會想讓你的團隊
成員與他們的功能部門主管能順利進行角色轉換。請
記住，未來你們可能會再度共享同樣這些資源。一旦
完成專案工作，你會想確定你的人力資源（團隊成員）
歸建到他們的功能部門去，而不是繼續掛在你的專案
底下。這個時候，及時正確地釋出專案團隊成員相當
重要。

▶**總結專案完成後的變異數資料**。這些資料包括專案的：

- 範疇
- 時程
- 預算

這些資料將會協助專案經理了解自己的專案成效，並且為了未來的專案開始記載你的經驗。專案執行過程你經歷過範疇潛變嗎？你負責的專案提前完成或超出預算嗎？

▶**結束所有報告，包括財務報告**。你並不想遺留下任何未完成事項。我離開諾斯洛普格魯曼公司一年後，曾經接到一位員工打來的電話，說他被要求要在某個專案的一份財務報告上簽署，這個專案正好在我離開後結束。這樣的電話令人感到棘手，但是那次好在我能夠告訴他我的繼任者是誰，應該找他處理才對。你可能不一定會像我那樣幸運。

▶**將法規報告轉交給適當的政府機關**。有些產業與專案受到高度管束。若你的專案屬於這個類別，請確定針對這些待完成的任務，你已確認有將團隊成員的責任做清楚的分工。

▶**對你的利害關係人表達感謝**。這是應該養成的一種好習慣，因為很多目前的利害關係人，在未來的專案中可能也同樣是利害關係人。一通簡單的電話或一封電

子郵件，就能夠強化彼此未來的關係，這種效果非常驚人！

▶ **確認你學到了哪些經驗，並以圖表表示。** 就專案經理已完成的專案，請務必要分析什麼事情做對了，以及哪些事情可以做得更好。

建立專案資訊與文件檔案庫

專案經理應該建立一個存放所有專案資訊與文件的集中檔案庫。在過去，當專案逐漸接近成熟期，資訊與文件的數量日漸增加時，我們使用風琴夾來存放專案執行過程所經歷過的痕跡。我假定為了這個目的，現在你的電腦中已經有電子檔案夾。

當今的企業組織運用具備各種複雜度與能力的資訊系統，來儲存專案資訊與文件。在2016年，通常你可以存取共享磁碟機、檔案目錄夾、檔案櫃或特定軟體資料庫。

此處的重點是，要運用組織所提供的資訊技術，來建立一個檔案集中貯藏所。取決於資料的適當性，專案經理可以在個人電腦、筆記型電腦、平板電腦或甚至在手機上建立這個貯藏所。專案經理要基於技術與團隊來建立自己的檔案集中貯藏所、經常放入檔案、並且記得要有多重備份。你的系統可能故障，而且妳的團隊成員也可能離開，但你並不想失

去專案的歷史紀錄。

建立經驗學習分析

身為一個專案經理想要持續改善，進行經驗學習分析（lessons-learned analysis）是最容易的方法。有的組織會將這種方法稱作事後檢查，但我習慣將它稱為專案結束後審核或經驗學習分析。無論用什麼詞彙描述它，這項分析必須在專案結案期間完成，使你能不斷累績經驗，並以專案經理的身分逐步成長。圖15-1提供這種分析的一個範例。

圖 15-1　經驗學習分析

識別碼	類型	項目	描述	評語
1	改善	溝通	有必要提高狀態更新頻率；信件往來效率必須提高。	擬定溝通計畫
2	改善	PERT期間估計（請參閱第7章）	時程估計過度樂觀。	調整PERT時間估計，以提高正確性。
3	接受	風險管理	多數風險已經由風險管理計畫辨識出來。應變計畫成效不錯，並且也有及時實施。	無
4	接受	WBS建構	專案範疇定義明確，範疇潛變有限。	無

如你所見，經驗學習表在設計上相當簡單，但未必容易完成。想到你在專案過程中做對了的那些事情，總是令人感到高興；但是要記得所犯的錯誤，那可能會令人感到痛苦。若要好好填寫經驗學習表，專案經理與團隊都需要花費相當的心力做自省。這是專案經理身為一個領導者的一環：你可以強調這是為了所有人的持續改善和個人成長，因此要好好地把經驗學習分析做好。你與專案團隊必須一起合作，才能建構一張完整詳盡的分析表，並在每個專案完成後都能夠有所進步。

我建議專案經理應該在倒數第二次會議期間製作你的經驗學習表，這樣做可以保證你和你的團隊成員不會失去動力，也不會在你將心力轉移到其他工作上時，還要被迫重新聚焦於你先前的專案。很多專案經理都要等到完成專案，一切塵埃落定後，才去製作經驗學習表，但是我發覺這樣做的效果並不佳。

我也鼓勵我的團隊，要隨著專案歷經其生命週期，逐步邁入成熟期時，持續維持改善／接受項目在最新狀態，這讓我們可以從頭開始產生經驗學習表，並成為經驗學習會議的主要依據。不要等到最後一次會議再進行經驗學習分析，最後一次會議是要保留做為慶祝用的。縱使專案並沒有大獲成功，或是比這更糟，專案經理仍舊要慶祝團隊成員辛苦完成的成果。

以下是最後的三個建議：

1. 如圖 15-1 所示，你可能想要將改善／接受項目區分開來。這通常是專案經理個人風格的選擇，你可以依個人偏好來做。

2. 將「改善」項目以紅色醒目字體表示，「接受」項目以綠色字體表示，這不僅可以當作快速參考輔助，也是現今之專案環境中常見的交通號誌（紅／黃／綠）追蹤法。

3. 在貴公司企業內部網路建立一個全面性的專案管理經驗學習資料庫。若你握有決定權，請將建立這樣的資料庫視為必要。若你的職位擁有的權力較低，你也可以成為建立這個資料庫的主要推動者。要鼓勵所有專案經理貢獻出改善與接受項目，這通常需要以匿名方式進行，因為我們大多數人都不願意在整個組織內部，坦白誠實地張揚自己所犯下的錯誤。那也沒問題，從過往的顧問實務經驗來看，對於與企業組織共同推動這個概念，我已經獲得極大的成功。我只是要強調一項事實：每個人都彼此互相學習，而且當一人有所成長時，所有人也都會一起跟著成長。

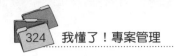

檢視專案結案查核清單

　　自從開始執行專案以來，當專案經理最後到達專案結束這個時間點時，可能專案已經進行數週、數月或數年。你想要與專案團隊成員一起慶祝，但是你知道還不能這樣做，因為你尚未檢討你的專案結案查核清單。當結案清單檢討完畢，並確認所有行動都已經完成後，我才會休息。檢討結案查核清單應該安排在倒數第二次會議期間，這是我建議應該要完成的第二項結案活動（安排在經驗學習分析之後）。在召開倒數第二次會議時，如果經驗學習分析時間較久而耗掉整個會議時間時，那就應該召開另一次會議，以編製專案結案查核清單。我必須說，這件事就是這麼重要！

　　很多年前，在製作我的專案結案查核清單時，我學到了目前都還在運用的一項最佳實務。

　　首先，如圖15-2所示，專案經理要產生一份行動清單，並且應用於你所管理的所有專案。這份清單會是你的查核清單的核心，並且能依據你的典型專案工作，來調整清單的長短。

圖15-2　專案結案查核清單

項目	負責人	行動	狀態
1	Steven	內部文件完成／歸檔	X
2	Laurie	所有變更請求已結案／歸檔	?
3	Rocco	所有財務相關事項均已結案	X
4	Rocco	所有專案合約均已結束	X
5	Molly	完成所有技術文件	X
6	專案經理	客戶或顧客就專案交付標的簽署完成	X
7	Steven	已安排專案慶祝時程	X

X＝已完成
? ＝狀態不明

　　接下來，隨著專案在整個生命週期逐漸成長、成熟，專案經理應該不斷充實這份行動清單。例如：

▶ **第一階段結束。**加入必須完成的兩項行動，並在專案結案期間做確認。
▶ **第二階段結束。**加入一項行動。
▶ **第三階段結束。**加入三項行動。

　　到了專案最末期，專案結案期間，專案經理已產生了完整的行動查核清單，當中包含所有應該納入的項目。接下來你和你的團隊將會檢討你們在專案期間的表現，並確認所有行動都已完成。在這個過程中，你和你的團隊將藉由回答

「我們做得如何？」這個問題，來進行改善。依據我過去的經驗，有一兩項行動幾乎必定會產生問題。有時候，檢討有問題的行動時，專案團隊將會發現有某個項目尚未完成。可能沒有人負責這項任務，或是有兩位團隊成員共同負責這項任務，但各自認為對方已經完成工作。無論事實真相為何，這是一種功效強大的重複檢查（專案結案期間反覆出現的一個主題），讓專案經理與團隊都能確定，所有必要的行動都已完成。

專案經理現在可以結束專案，並開始去做其他事了。但不要沈湎於高興太久，因為可能你還有其他兩個專案仍在執行中，之後還有一個專案等著開始。

專案提早結案的處理

總是會有專案提前中止或取消，而必須提前結案的理由林林總總。我過去經歷過或觀察到的最常見理由如下：

▶ 因為企業組織調整優先順序，專案的優先順序已被調降。

▶ 專案經費已經花光，而且經費枯竭。

▶ 市場力量的變化，造成專案交付標的變得過時。

▶ 企業組織的政治角力，導致專案取消。

▶情況變得明朗,專案交付標的行不通,或無法滿足期望。

▶情況變得明朗,顯示技術根本行不通。

▶你的老闆或專案贊助人改變心意。

▶你的專案就是帶衰。(這不是真正的理由,但是有時候這個理由會在我們所有人的心裏一閃而過。)

無論是什麼理由,如同任何正常完成的專案那樣,提前中止或取消的專案仍必須辦理結案程序。如圖15-3所示,這需要建立提前中止/取消的流程。專案經理還是必須完成任何專案在結案期間所有必須完成的任務,唯一的差別只在於專案提早結案而已。

圖15-3 提前中止/取消圖

專案起始	規畫	執行	結案	顧客同意簽署

團隊進行專案結案

這張圖表強調,無論提前中止發生在什麼時候,專案經理與團隊都必須正式地結束專案,而且應該包括本章所說的所有步驟。一如過往,執行結案流程時,要確定你和你的團隊都採用正式的方法結案。

重點整理

♦ 一定要有紀律！大多數專案經理都太快掠過結案流程，請
  務必堅持要執行結案流程。

♦ 要執行所有的合約結案與行政結案活動。

♦ 要建立一個資訊與文件集中貯藏所。

♦ 要執行經驗學習分析。要在成功的基礎上精益求精，並避
  免再犯同樣錯誤。

♦ 請記住，只有在顧客簽署之後，專案經理的專案才算完
  成。

♦ 完成以上所有活動之後，專案經理記得要和團隊一起慶
  祝！

如何在你公司
推動專案管理

第十六章

How to Make Project Management Work
in Your Company

明白如何管理專案是一回事，真的讓人實際從事專案工作，又是另一回事。照本書從開始所提的，去做所有的規畫、排時程，還有監視等等一大堆工作，似乎比依直覺經驗行事，要麻煩得多。甚至有人投入了三、四天的時間，參加專案管理研討會之後，一回到工作崗位上，就把所學忘得乾乾淨淨，還是用原來的方式做事。

　　我和這個問題周旋了大概有二十幾年，總算得到一些答案。我在下面提出一些建議，希望能幫助你在公司中，實際操作本書所提的專案管理原則：

　　▶戴明博士在五十多年前就知道一件事：假如某件案子沒有任何上層長官參與的話，這件案子肯定非常短命，一下子就不了了之。這意思不是只要他們出來露露臉、耍耍嘴皮，案子就沒問題了。就如湯姆‧彼得斯（Tom Peters）在《亂中求勝》（*Thriving on Chaos*〔Harper Perennial, 1988〕）書中所講的，假如某位高階主管希望在公司中推行某專案，那麼他原來的行事曆就要有所更改。他必須花時間討論專案的管理、參與專案規畫或列席專案檢討會議、開始要求查看別人的專案記事本、問一些如何執行專案的問題等等。總而言之，他必須表現出對這個專案有興趣。

　　▶公司必須將專案經理對於最佳管理工具的使用率，列為其績效評估的項目之一。公司應該獎勵使用最佳方法的

人，如果有必要，也要懲處沒有這樣做的人。不過需要留心的是，要確保上面的管理階層，不會因此而阻礙了專案經理去實施好的方法論。

▶讓整個專案團隊接受基本訓練，是相當有幫助的。畢竟，如果你告訴團隊成員，希望他們使用WBS來劃分他們手上的專案工作，結果他們從來沒聽過WBS是什麼的話，這樣就很難把工作做好。單就專案管理訓練來說，我發現專案經理一般至少需要受訓3到4天，而團隊成員大概需要2天。

▶我發現高階管理者應該對專案管理原則有一個概念性的了解，這樣他們所期待的結果，才不至於脫離現實情況太遠。一個導致專案失敗的最普遍原因，是高階管理者對專案的期望太不切實際。不過，我發現大多數的高階人員，又忙得根本抽不出三小時來聽你解釋這些原則。我們最後只能把簡報錄製成影像，剪輯成一小時十五分鐘的長度，讓這些大忙人有時間能夠學習，這樣他們才能知道如何實際地幫助推動專案。時至今日，高階管理者應該充分利用可方便取得的很多線上訓練課程。

▶受訓完畢後，找一個很有可能成功的專案——絕對不要挑最難的工作，否則很容易失敗，然後讓你的訓練講師或顧問陪著團隊成員們，一步步實際操練一次。經過我與幾家

主要公司合作的經驗得知，這個牽手學步的階段，是非常必要的。有人在旁邊指導，協助團隊成員實際去操作所學過的原則，幫助相當大。第一次學習新東西，難免讓人感到有些笨拙，但是如果有個外來的專家從旁指導，就可以讓事情變得更順暢。另外，圈外人可以比團隊成員提供更客觀的意見。

▶由簡入繁，培養成就感。先忘掉帕累托原理（Pareto principle）。即使從經濟的觀點來看，帕累托原理在這裏也不適用。帕累托說，你應該從最重要的問題開始解決，之後再解決簡單的。聽起來像是不錯的經濟學概念，其實不然。他忽略了一個事實：最大的問題可能也是最困難的問題，並不容易解決，人們更容易失敗，因而灰心喪志，最後乾脆放棄算了。就像戰績排行第10名的球隊，絕對不會想在開賽的第一場就遭遇排名冠軍的球隊。它寧可從第9名的球隊開始打起，或甚至和第11名也好。總之，沒有人想在一開始就被痛宰。

▶專案進展過程中，盡量採用走動式管理（management by walking around; MBWA），但是要抱持協助解決問題的態度，不要反而變成到處挑錯，罵完就處罰的模式，那就適得其反了。給人們機會早一點讓你知道問題的所在，千萬不要到最後變成災難，那就來不及了。不過，你也別急著幫忙，給他們時間讓他們自己去解決問題。只要要求他們讓你知道最新

的進展，還有告訴你他們需要什麼支援。要成為可供別人利
用的資源，而不要成為只會抓壞人的警察。

▶確實進行流程檢討，盡可能從中學習和改進。

▶如果團隊中有頭痛人物，要盡快處理這位人物。假如
你不知道該怎麼處理問題，趕快和有經驗並且能夠協助你的
人談談，諮詢因應對策，絕對不要忽略這個問題，否則一定
會殃及整個團隊。

▶一定要非常主動，不要被動。帶頭走在前面，替你的
團隊成員掃除路障，並支持他們。

▶讓團隊成員自己在高層面前，針對自己負責的部分做
簡報。他們應得的功勞要歸給他們，同時建立他們對專案的
所有權（ownership）。

▶如果這個專案的人員編制是暫時性的，而成員都還是
向他們自己的直屬主管報告（所謂的矩陣式組織〔matrix
organization〕），那就要讓他們的主管知道他們在做些什麼，同
時要和這些主管保持良好的關係，因為你很可能要仰賴他們
的支持，才能把專案做好。

▶對於專案要徑上的任務，你可能發現必須策略性地將
人員調到別處去從事那些活動，這些人才不會時常被拉去做

別的工作，而耽誤關鍵作業。目前許多大公司越來越常採用這個方法，來確保極為重要的專案順利進行。

▶也許可以考慮專設一位**專案支援人員**，或是成立一間**專案支援辦公室**，來專職替專案經理們負責所有的時程安排工作。與其要所有人都精通這類電腦軟體，倒不如訓練一到兩位真正可以充分利用軟體功能的人員，而使用者只要知道軟體的功能就夠了。專案經理只需要把原始資料交給支援人員，由他們輸進電腦，就可以得到時程表，然後再微幅調整時程表，直到確實可行為止。接下來，支援人員還可以協助專案經理處理所有的資料更新，做假設分析等等。

▶延續以上所提，指派一個人擔任**專案行政人員**，這名人員不是專司專案的支援工作，就是代表團隊參加會議。從規畫與查核到列席專案檢討會議，一路一直和組員同行。這樣至少參加過十幾到二十幾個專案後，大家自然會認同這個職位。這樣的人員對於沒有太多管理專案經驗的專案經理，或是缺乏人際關係技巧的專案領導人，所發揮的功能將特別顯著。

▶比較一下其他公司的專案管理做得如何。不過要注意一點：其他公司不重視的東西，並不表示你也可以不重視。我知道有一家知名的公司，從來不追蹤專案中的實際工作做

到哪裏,但是這家公司極為成功。然而,這家公司不追蹤工作進度的事實,終究還是會產生問題。這家公司其他的部分都表現得相當出色,而這些其他的部分,我也絕對不會吝於列入比較。

▶讓一些人來負責擔任專案管理流程各個部分的盟主(champion)。也許你可以讓某人擔任「實獲值盟主」(earned value champion),推動全公司的人來一起使用這種方法。然後另一個人可以負責WBS表示法的推動等等。

▶加入專案管理學會(PMI),參加其分會召開的會議,可以從其他專家那裏學到更多專案管理新知。

▶多閱讀一些各類管理新書,從中吸收可以幫助你把工作做得更好的方法。管理專案是一項要求標準相當高的工作,你需要盡可能得到各方面的協助。

▶考慮改變組織結構,朝向以專案為基礎的方向前進。告訴各部門經理,他們是為支援各項專案需要而存在的。此話一出,一定會引起一片譁然。但是今天的情況是,組織中大部分的工作,都是以專案的形式完成,這已經是不爭的事實,所以這樣的說法極具有意義。

▶設立專案管理部門,部門中有專職的專案經理。沒有

一家公司是人人都在做會計，當然也不是每個人都擅長會計工作，專案管理也是同樣的道理。正如所有其他部門那樣，成立專案管理部門，可以提供專職人員，在其中磨練專案管理技能，直到他真的精通專案管理工作為止。有一本很好的書討論這個觀念，是由葛拉漢（Robert Graham）及安格藍（Randall L. Englund）合著的《創造一個讓專案成功的環境》（*Creating an Environment for Successful Projects*〔Jossey-Bass, 1997〕）。

▶把管理專案視為一項挑戰，或是一場競賽。如果你不這樣想，大概也不會覺得管理專案很有趣。多嘗試新方法，保留有用的，剔除無效的。

最後，祝你好運！

致謝

我要特別感謝妮可‧希格尼（Nicole Heagney）所提供的技術協助，本書中很多圖表都是她所製作，她的專業與辛勤讓我的日子好過多了！

另外也要感謝凱爾‧希格尼（Kyle Heagney）準時畢業，而且花費控制在預算之內。

問題與練習解答

第一章

1. c
2. d
3. a
4. b

第三章

在開始執行專案計畫之前,你必須先決定專案策略。此時,你需要設計戰術來執行策略,以及做好後勤補給,以供人們執行戰術時之所需。

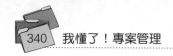
第六章

請留意：你的潛在風險清單之優先順序，應該依循機率與影響這兩個要素。

請記住：

有些風險無法預防，但可以減輕這些風險所帶來的衝擊。

若風險發生時，你的應變措施應該代表特定的行動。

你的觸動點應該與應變措施直接相關。

第七章

圖 A-1　準備露營的工作分解結構圖

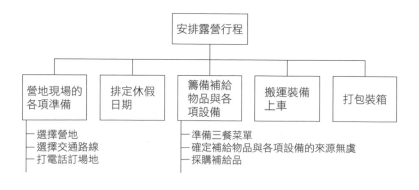

第八章

圖A-2 工作分解結構練習解答

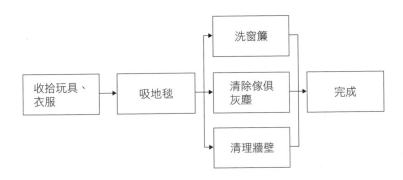

第九章

圖A-3 排時程練習解答

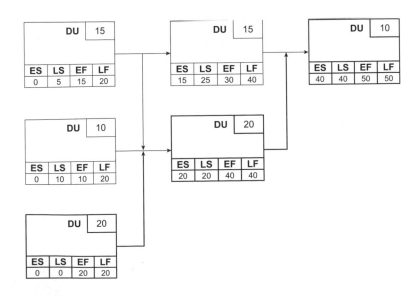

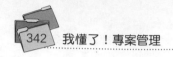

第十一章

請參閱本章，以檢視你對專案變更的反應。

第十二章

1. 進度落後，相當於價值160美元的工作。
2. 花費過度達240美元。
3. 將會花費過度，達416美元。

第十四章

專案經理可將這項練習，當作執行專案結案後的一個「經驗學習分析」，藉此強化你最擅長的專案領導特質，並努力提升你仍然有所不足的特質。

索引

343

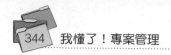

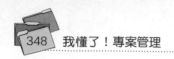

S

國家圖書館出版品預行編目（CIP）資料

我懂了！專案管理／約瑟夫・希格尼（Joseph
Heagney）著；何霖譯. —— 四版. —— 臺北市：
經濟新潮社出版：英屬蓋曼群島商家庭傳媒
股份有限公司城邦分公司發行, 2022.03
　　面；　公分. ——（經營管理；139）
譯自：Fundamentals of project management,
　　　5th ed.
ISBN 978-626-95747-3-5（平裝）

1. CST：專案管理

494　　　　　　　　　　　　　　111003261